2000—2020　南大建筑教育丛书

丛书主编　吉国华　丁沃沃

基本设计　Basic Design

傅　筱　张　雷　主编

南 京 大 学 出 版 社

总序

鲍家声
Bao Jiasheng

　　光阴似箭，日月如梭。转眼之间，世纪之初创建的南大建筑至今已走过不同寻常的二十个春秋。想当初，年过花甲的我，忘记了自己的年龄，不知天高地厚似的，"贸然"与几位三四十岁的年轻教师，离开我学习工作近半个世纪的母校——东南大学，"跳槽"来到南京大学，创建了南京大学建筑研究所，作为建筑学学科研究生教育和建筑研究机构，重启原在母校推行而后受阻的建筑教育改革创新探索之路，踏上新的征途！

　　二十年来，南大建筑以南京大学既定的创办世界高水平一流大学的目标为办学目标，以综合性、研究型、国际化为标准，积极进行开拓与探索，在学校领导和相关部门、社会各界和兄弟院校、学者和同仁的关心、支持、帮助和指引下，经过师生的共同努力，在不长的时间内，从无到有，从小到大，从建筑研究所发展到建筑学院，又从建筑学院发展到今天的建筑与城市规划学院，从单一建筑学科发展为建筑—城乡规划多学科的教学科研基地，从最初的单一研究生培养教育发展到今日的本—硕—博多层次的全面建筑人才培养机制，形成了较为完备的办学体系，在短短的时间内又顺利地通过了全国高等学校建筑学专业硕士研究生的教育评估。二十年来，南大建筑为国家培养了千百名高素质的建筑人才，走上了稳、健、捷、良的发展道路，实现了长足跨越式发展，完成了日趋成熟的根本性的战略巨变，创造了南大建筑人的办学速度，创出了南大建筑自己的名声、自己的名牌和自己的办学特色。短短的时间内，南大建筑跻身于全国建筑教育院校的前列，被誉为与"八路军""新四军"齐名的"独立战斗兵团"！

　　南大建筑二十年的跨越式发展，充分彰显了建筑学科在南京大学厚实的科学与人文这方沃土中，跨学科、教研融合的快速发育成长，开创了在我国综合性大学开办建筑学学科教育的先河。南大建筑以招收、培养研究生为办学的起点，以培养高端建筑人才为目标，在后来招收本科生的同时，仍坚持以招收培养研究生为主，开创了我国高起点建筑学教育办学的先例。南大建筑本科生教育和研究生教育实行"4+2"的新型学制，率先改革"5+3"的传统学制，并且不拘一格地只申请研究生的教育评估，不申请本科生的教育评估，改变了现行院校本科生建筑学专业学位和硕士研究生专业学位重复设置、两次评估的规定，大大缩短了学制，为青年学子节省了宝贵青春年华中的时间，同时也提高了办学效率，为我国高等建筑教育创建了新的学制。在研究生培养教育方面，推出了研究生教育崭新的建筑设计公共课程体系，即"概念设计""基本设计"和"建构设计"课程，三者构成了一个完整的建筑设计教学内容体系，真正让建筑设计教学从传统"熏陶式"教学模式改变为"理性教学"，即重在教思维、教方法的"手脑并训，以训脑为主"的新型教学模式。同时，也从传统的重设计、绘图的技法训练转变为重理性思维和方法论的培养，彻底改变了通过手把手的示范来传授设计技巧，而忽视对学生创造性思维能力培养的传统教学方法。同样，本科生教育也实行了"2+2"的通识教育和专业教育相结合的新型建筑教育培养模式，大力提倡鼓励和促进学生跨学科学习；充分发挥和利用南大作为综合性大学的多学科的优势，鼓励教师跨学科合作进行科学研究；在积极认真进行建筑教育的同时，也积极主动面向社会，以社会发展需要和城乡建设中的问题为导向，开展科学研究；创办建筑设计院和规划设计院作为生产教学实践基地，为我国快速城市化和乡村振兴事业做出了我们的贡献。总之，南大建筑在建筑教育观念、教学体制、教学内容、教学方法及办学机制和管理体制诸方面都进行了积极的探索和大胆的改革，敢于向过去习以为常的事物"亮剑"，敢于在复杂的形势下不断讨索、突破，从而造就了自身的办学特色。

二十年是人类历史上短短的一瞬间，却是南大建筑人谱写南大建筑春华秋实的生命之歌之时。借此南大建筑学科创建二十周年和南京大学建筑与城市规划学院建院十周年庆典之际，筹备组搜集、整理出版了这套册子，力求展示南大建筑二十年来全院师生员工在"开放、创新、团结、严谨"历程中的所思所行，以此勉励后来者不忘初心，牢记使命，薪火相传，继承和发扬开放、改革、创新、探索的精神；同时，它也试图打开一扇通向外界的沟通之门，期望得到领导、社会各界、广大同行专家学者的指正和引导。

忆往昔，感慨万千；看今朝，振奋人心；展未来，百倍信心。从无到有的创业难，从小到大、从弱到强的发展建设更难，从大从强到优的发展建设就更是难上加难！南大建筑人将继续弘扬"开放、创新、团结、严谨"的办学创业精神，遵循南大"诚朴雄伟，励学敦行"的校训，在新的历史时期，在我国为迎接"第二个百年"，实现中华民族伟大复兴而努力的新时代，以培养高质量人才为根本，以队伍建设为核心，以学科建设为龙头，立足江苏，面向全国，走向世界，为把南京大学建筑与城市规划学院建设成为国内一流、世界知名的人才培养基地而不断努力奋斗，为实现我国教育强国之梦做出我们新的、更大的贡献！

十年树木，百年树人。南大建筑和规划人将以学科创建二十周年和建院十周年为新征途的新起点，在办学的新征途上，砥砺前行，百尺竿头，更进一步。未来的二十年，必将更加精彩！

鲍家声

2020 年11 月14 日写于"山水"

序一

建筑学的认知与实践：南大建筑设计教学二十年
Understanding and Practice of Architecture: NJU Architectual Design Education for 20 Years

丁沃沃
Ding Wowo

回顾二十年办学历程的重要内容之一是对教学成果的总结，对建筑学科来说，更是少不了对以设计教学为主体的教学成果的总结。然而，就南大建筑而言，设计工作坊有其特殊的意义，它所扮演的角色不仅是教学的课堂，而且是建筑学认知和实践的基地。尽管现在从本科到研究生教学阶段的南大建筑设计工作坊有十几个之多，但具有二十年历史的设计工作坊只有三个，那就是"基本设计""概念设计"和"建构设计"。

感谢丛书的编辑团队给我一次机会，从建筑学学科探索与实践的角度看这三个设计工作坊的关系和意义。首先，我想应该从"建构设计"工作坊谈起。

认识论与方法论

为什么"建构"这个术语对南大建筑来说这么重要？这是因为"建构"作为建筑美学的认知标准，它回答了建筑学最重要的两个基本问题："什么是建筑"和"怎样做好一个建筑"。第一个是建筑学的认识论，第二个是建筑学的方法论。关于建构的理论和定义，西方建筑学理论家们将其追溯到19世纪的德国建筑学者。在德语中，"Bau"意思是建造，"Kunst"则是艺术，而建筑被称为"Baukunst"，直译即建造的艺术。所以，在德文的世界里，建造的艺术才是建筑。所谓"建构"也就是寻求建造的法则和秩序，寻求恰当地描述建造活动的标准，建立起建筑学的框架体系。这个体系无论是在建筑学的世界观还是方法论方面，都深深地影响了曾在瑞士苏黎世高工建筑系学习的这群南大建筑的主要奠基人。为此，他们主张关于建筑形式美的讨论应该回到建筑事物本身，强调建筑的材料、构造、结构方式及其建造过程应该成为建筑表现的主题和建筑批评的价值取向。

2000年前后正值国内建造活动中"欧陆风"盛行，此时，南大建筑刚刚以建筑研究所的形式开始了它建筑学的探索历程。一方面基于"建构"作为建筑审美观的共识，另一方面出于对当时"欧陆风"的深恶痛绝，南大建筑举起"建构"的旗帜，并开始付诸实践。南大建筑此举很快得到了业界和学界的关注，"建构"也就成为一个热门话题。然而，当时国内对"建构"概念的热衷并没有扩展到对建筑学知识体系的讨论，也没有相应的关于建筑学本体问题的讨论。随着时间的推移，对"建构"意义的认识的含混并未影响"建构"成为时尚，当冠以"建构形式"的作品以某种特定形象出现时，"建构"居然也尴尬莫名地落入了"风格"的俗套。

今天有幸重新审视"建构设计"这门课，看到它二十年来坚持不懈的探索，不偏不倚。南大建筑的确在坚定不移地探索着，并随着建造条件的不断变化，与时俱进地诠释着何为或如何进行"艺术的建造"。必须指出的是，以教学作为建筑学的特殊实践必须有不可或缺的理论研究相伴。在南大，建构实践从来都不仅是一门设计课，也不可能仅仅有设计课，而是有着2—3门理论课相伴而行，其中赵辰教授的中国木建构文化研究就是建构实践课程群的重要组成部分。

建筑的核心

尽管"建构"的理念明确了对建筑的认知和建造建筑的方法，但是"建构"的理念并不能解决建筑的构形问题，确切地说"建构"的主张并不能定义建构对象的形体。在该理论产生的19世纪里，西方建筑学的核心依然以既有类型为主导，因此"建构"理念所表达的建筑审美观和建造的真实性并不触及建筑的基本类型，只是将既有建筑类型的表皮收拾干净，展现出材料和建造的精美。直到现代建筑确立了"建筑空间"在建筑学中的核心地位，"建构"才有了"形式"的基础而成为包裹建筑空间的表皮，而空间的感知途径则可依托于"建构"的成就。此时，建筑学的审美对象则由传统的立面"革命性"地转换为有质感的"建筑空间"，这就奠定了南大建筑"基本设计"工作坊的意义。

在现代建筑形式体系中，分割空间的垂直和水平构件是建构空间的基本元素，空间的开敞和封闭的诸多变化是空间表达的基本语言，任何丰富多彩、令人目不暇接的现代建筑空间都是通过这些基本语言的组合而形成的。建筑空间是建筑学理论构架和实践的核心，这项实践不仅体现在南大建筑的现实创作之中，而且更多地体现在南大建筑的"基本设计"的建筑教学之中。这项实践的意义在于深入认知建筑的核心是包裹人类活动的空间。建筑的外在形式在其发展进程中将会随着材料和建造方式的变化而变化，而空间则会依照社会不同发展阶段中人们对空间的绝对需求，沿着自己的逻辑而发展。因此，探讨建筑形式的逻辑，最终还是归结到讨论建筑空间构成的逻辑。

早期，"基本设计"探讨的纯粹建筑观将建筑的意义诠释为空间的载体，去掉对形式过度的关注，依托于"建构"理念规避对装饰和符号的需求，从而回归建筑的本源。在设计内容上看似简单的基本设计实践与教学其实充满了思考，往往为了更为深入的思考而降低建筑功能的复杂性。在基本设计中，探索了空间构型中的由空间原型和空间体系所构成的可变的空间及其建筑形体的原理和方法。在这个训练中"结构"是一个关键词，这里的"结构"有三层意思，既是空间的结构，也是形体的结构和组织的结构。通过设计实践可以看出，建筑的"空间结构"特征可以和功能无关，但对建筑构型的影响很大。因此，在《基本设计》这本书里，大家可以看到，尽管参与实践的教师非常多，由于信念和目标的一致，其实践成果体现出了统一的价值观。

回到建筑学的核心这一话语，南大建筑对构筑"建筑空间"的训练也在不断更新，即由早年所关心的建筑的纯粹空间，转向后期更加务实的充满在地性色彩的"场所感空间"。可以看出，早年的实践是由"向西方现代建筑学习"这一理念所引领的，而近十年，则更多地转向探索更为朴实的建筑学的核心与内涵。当下，路走到此处，未来的目标并不太清楚，而对"建筑核心"的探索只有实践、再实践。

建筑学的实验与实践

如果说"建构设计"和"基本设计"分别是南大建筑探索建筑学认知和方法的实践场所，那么，"概念设计"则是南大建筑实验性思维付诸行动的实践基地。作为"实践基地"，它的主要任务是始于问题，探索未知。正如南大建筑初创时期的领头人鲍家声先生指出的那样："建筑虽然是作为文化艺术的组成部分，但是毕竟还是一门实实在在的物质产品，建在一个特定的地段与环境之中，它不是凭空任意构想出来的，更不是由一时冲动迸发的一种灵感产生的。它也有它的客观规律可循，只是这个规律由社会因素、经济因素、技术因素和美学因素综合而构成，虽然复杂一点，但它是可认知的，只是很少有人愿意下功夫去研究它，揭示它。""实验性"是伴随南大建筑诞生的基因，也是南大建筑发展的动力。正是这个"实验性"的特质使得南大建筑教育在设置课程体系之初就有了"概念设计"的一席之地。"概念设计"是南大建筑"实验性"的实践基地，在这里不必拘泥于现实的可行性，教师和学生们可以共同探讨学科的前沿性的话题。

"概念设计"是开放的，它的开放性体现在两个方面：问题的开放性和内容的开放性。"概念设计"的载体可以是城市，可以是自然环境，可以是建筑本体，也可以是人的身体。正是它的开放性吸引了国际、国内学者的参与，很多有趣的思想火花在这里迸出。例如，早期的"概念设计"主要探讨了场所感知的若干问题，其中包括：移动空间的认知、群体行为的同一性、建筑学中弹性场所的意义、场所更新与符号表达，以及身体与空间的相互作用。这类探索有助于更加深刻地理解为什么"场所"可以取代"空间"作为建筑学的关键词。当场所取代空间之时，空间就不再是无量纲，以人为主体的空间不再可以任意抽象。早期的这些探索为后来的城市设计理论探索奠定了基础。二十年来，南大建筑在"概念设计"这个"实践基地"里，前仆后继，后期的概念设计研究的色彩更加突出，内容更为多元甚至跨学科，设计表达和技巧更富于创新性。《概念设计》这本书为读者展现了它的探索、思考以及多彩多姿和丰硕的研究成果。

开放的"概念设计"又是严谨和理性的，这就是概念设计的实践方法，也是概念设计的特色。尽管问题和内容不同，每一个"概念设计"都有理论阐述、文献阅读、调研分析、图示表达，以及最终的设计成果展示，而"概念设计"的答辩往往是一场研讨会。对研究生来说，"概念设计"训练了思维能力和研究能力，以及对问题的判断力，事实上，一场"概念设计"给参与其中的教师和学生都带来了重新认知世界的机会。在南大，一场"概念设计"答辩结束后，往往又给教师提供了下一个探索的主题。"概念设计"工作坊不断地提出问题并践行，所谓实验性特质因此得到了充分的展现和释放。

结语

二十年前，本着淳朴地向"西方先进学说"学习的精神和追赶的渴望，南大建筑义无反顾地开始了自己的建筑学实践，不仅通过作品，更是借助课堂。"设计工作坊"与其说是教学，不如说是教师们带着年轻的学子一起实践，在实践中探索、思考，以及反思。

渐渐地，我们意识到"建构"的术语来自西方，但"建构"的精神历来不曾离开过中国传统建筑，是我们建筑传统中流淌着的血脉——中国传统建筑无论是官式建筑还是乡土建筑无一不堪称"建造的艺术"，而屋檐之下的灵活"空间"，从来都是中国建筑适变性的精华。虽然我们对"建构""空间"的理解由外到里似乎绕了一个大弯，但是获得的则是超越任何文化的在认知上的整体升华！这个升华来自对建筑学知识体系进行的长期的、全面的反思和践行，其中三个"设计"工作坊的相互支撑，作为建筑学的实践场所功不可没。

今天，南大建筑要从这里再启程。作为教学手段，设计课程的内容和方法总是需要不断地更新，然而，作为建筑学认知论与方法论的实践场所，作为建筑学理论和思维的实验基地，它们的使命不变，继续鼎力前行。

丁沃沃

2020年10月8日于南京

序二

立足本源，通向整合的基本设计
Standing upon the Fundamentals, Towards an Integrative Basic Design

傅筱
Fu Xiao

　　对于创办二十年的南大建筑教育来说，"基本设计"课程教学成果出版的目标并不是简单的汇集，而是希望获得一次再思考、再启程的机会。基本设计教学缘起于二十年前的业界背景，在2000年前后，各种风格样式、建筑主义曾经风靡一时，"基本设计"教学实质上是对这种现象的批判和反思，并希望能够厘清一种符合建筑学本源的设计方法。可以说"基本设计"探讨的是一种"去形式"的设计方法，建筑设计的推动力应该是建筑的基本要素而不是形式，基本要素包括场地、材料、结构、构造以及空间等，而形式只是设计过程的表达。教学关注的是学生是否能够运用这些基本要素进行理性的设计表达，从而理解形式语言与基本要素之间的逻辑关系。

　　"基本设计"最初的教学语境是向西方现代建筑学习，通过摸清西方现代建筑的设计方法，抵抗庸俗的风格化设计，这在当时的确起到了一定的矫正作用。然而在长达二十年的教学过程中，世易时移，人类的物质空间环境问题日趋复杂，西方早期的一些理论、方法对当下问题并未能够有效应对，而一些中国本土问题，对西方而言，也同样是未曾有的新问题。在今天的语境下，以西方建筑学为固定参考系的模式必然有所松动，直面中国本土问题将是当下不可回避的任务，但是这并不意味着对"本源性"设计方法的摒弃，而是在此基础上的扩展，因为本源性的设计方法无关中西，只是我们对此遗忘太久，忘记了自己老祖宗的东西都是本源性的！

　　"基本设计"该何去何从？面对如此多变而复杂的环境，我们在教学中应该如何适应？这是近年来"基本设计"教学一直在重新思考、不断探索的课题。为此教学组做出了一些浅尝，一个方向是将训练的着眼点从建筑基本要素向复杂的社会化问题扩展，在基本设计中融入了一些社会需求的探讨，例如加入规划和策划等内容，让学生认识到建筑师的知识结构不只是在物质性空间上，建筑师的价值应体现在对社会需求的综合把控上；另一个方向是仍然采用小体量的单体建筑训练，但是融入适度的复杂性，强化学生在面对复杂问题时，用"整合"的思维去研判问题的能力。

然而，这两个方向并未放弃建筑本源性的语言，我们仍然坚持本源性语言是建筑表达的基本途径，无论问题如何复杂多变，解决问题的落脚点仍然是建筑的基本要素，这一点坚守，既是对当下流行的隐喻式、具象式形态设计的警惕和批判，也是对建筑设计的一个基本认识。相比过去，今天的建筑设计更需要兼收并蓄，更需要跨界，更需要多学科合作，但是能够与他者合作的基础是建筑有属于自己的独立自治的内涵，如果完全跨成他者，也就无所谓合作而是消失……也许，这正是"基本设计"教学坚守至今的意义所在！

最后，借助《基本设计》的汇集出版，对所有参与课程的师生、学界友人表达衷心的感谢。当年大家忘我的教学付出、激烈真挚的答辩情景至今让人难以忘怀，这本小册子的出版也算是对大家倾情奉献的一点点回馈！

傅筱

张雷
ZHANG Lei

周凌
ZHOU Ling

朱竞翔
ZHU Jingxiang

吉国华
JI Guohua

傅筱
FU Xiao

吴刚
WU Gang

K.Rossen

王方戟
WANG Fangji

葛明
GE Ming

冯国安
FENG Guoan

冯路
FENG Lu

02级学生名单
李亚伟 王丹丹 马俊 张颖 谷华 阴惠玲 钱学军 廖杰 赵沁芳 孔晡虹
李鹏 马金凤 陈苹 陈志翔 刘越 戚威 马丽 梅蕊 刘亮 肖育智
王鹏 王启菊 姚志琳 程 王铠 陈军仕 胡友培 胡幼骐 黄瑜 肖 王琨
刘俊 吴一凡 周超 王一锋 王

03级学生名单
周鑫 刘柯 潘卉 石飞 赵栋 蔡树森 张曦元 Hauke Dost
唐莲 蔡梦雷 黎南明 刘小敏 闵天怡 孙艳 邱文峰 王宁民 马鑫
缪峰 刘洛微 王庆 金东禹

04级学生名单
王颖 石桥 陶涛 许迎 王燕 夏珩 张馨 朱博 肖明慧 张宁
钟冠球 彭伟轩 王新宇 林晓妍 周晓燕 张维芳 赵家玉 徐艳 邢晓莉 孙旻
王佳成 靳铭宇 方 唐晓新 郑辰阳 王佳成 张斌

05级学生名单
张林邹 丰阳 王志强 张映颛 王珏文 彭嬶 史文娟 陈亚君 裴俊 袁中伟
蔡伟森 古久霆 胡巍巍 孔锐 侯博克 陈永梅 何炽立 刘慧杰 游骁魏 张萍
郑雪 罗丹青 鲁雷持 王罗李 葛宁 彭刘 王文斌 王秦晓霞 范柳 昂尤伟

06级学生名单
华正阳 李文涛 陈君健 陈维亮 陈曦 童书 伟跃 姝新 李莉
王昳 王端斯 徐岩 叶林晶 周天邑 音陈 刘涛 孙敏 罗景冰
胡欣 钟思 金澜吉 刘宏洁 李久祺 黎峣青 新毅辉
朱晓冉 曾书怀 杨施立 陈悦 雷王孙何 王李 徐朱 郭曹肖
鲁文卉 麦向优

07级学生名单
范国杰 罗一江 岑伟红 宫亚楠 崔萌 王莹 丁浩特 周晓璐 陆蕾 吴昭华
石贞民 光悦 子斌 斐焦 金韦田 张硕施水 驰魁
杨鹤峰 朱庄力维 石韦 黄育 剑哲 李锐 钱刚 清华 薛孙睿
尚董金明 杨黄志 张 张文 赵陈 周 豪杰 乔

08级学生名单
董姝靖 何晨 黄方洁 李湘 李智莹 刘昆 刘涛 毛妍 沈萍 谢屾
汤翔 群英桓 雷洋 张玉玮 陈晶 孟汉成 冯宗瑶 瑛赵晖 骆莹莹
郭东海 龚广 刘张 王冠伟 韩刘 吴万军 许赵欣 张金文
杨叶黄龙 张东光 李牧歌 李新刚 王 倩刘妍

09级学生名单
曹庆艳 陈晨 杜东风 段梦媛 郭珊珊 郝昊 卢伟 缪纯 乐华 田野 李昕光
王窦曲 涵恺 姚佳利 张卓明 赵启建 周志章 朱阮 祺玲 赵程 庞琨 吴子文娟 成春晖慧
陈秋菊 刘钊芸 黎思琪 谢胡 伟岗 玲晓黎 乾扬勤 伦璇顾 翟凤应 杰洁
夏周文婷 夏赵涵 周路华 方 建陈 娟祝天贺 魁刘 小志 刘振超 白谢方

10级学生名单
刘旳 柳楠 汤梦捷 吴宁 罗维宇 吴仕佳 蒋敏 李艳 丽 朱俊杰 朱珠利
曾宇城 蔡畅 杨强萍 慧杰 思影日 振娟 林丽 天予林 芳璐凯 谨玺婧
刘亚楠 王素玉 涂梦如 潘卉 李刘杜 鲍海燕 赵金一 祝程 黄
叶鹏 丁文博 黄志茜 鲍颖常 黄赵雅谦 王林莹 闻石亮 吴陆磊
金筱敏星 俞陈文 陈雯 丁江 李李善超 李亚楠 李莹莹

南京大学建筑与城市规划学院建筑系
Department of Architecture
School of Architecture and Urban Planning
Nanjing University
arch@nju.edu.cn   http://arch.nju.edu.cn

11 级学生名单
陈 姝　张 岸　黎 健　波 波　葛鹏飞　乔 力　刘 宇　夏 澍　汪 园　徐庆姝
张永雷　李恒鑫　管 理　刘 滨　洋 洋　石延安　张 敏　张培成　彭文楷　吕 程
高 菲　陈 新　袁 芳　胡 吴　备 铭　吕 安　王海芹　邱金宏　李 扬　陈 圆
刘奕彪　王力凯　辛 胤　庆 　马 喆　张 吕　袁金燕　　　　　　

12 级学生名单
胡绮批　杨 灿　山 静　永 高　王 凯　耿 健　王 彬　韩艺宽　林肖寅　周 青
孙 燕　余 露　曹旭炜　赵书艺　陈中政　杨 柯　范丹丹　黄一庭　周雨馨
杭晓萌　朱 煜　王 赖　友 　倪绍敏　李 　武苗苗　赵潇欣　胡小敏

13 级学生名单
曹 政　李 萍　贾 江　南 辉　刘 莹　柳彼娴　施 伟　王 晗　王 倩　徐婉迪
张 楠　陈观兴　黄 龙　波 波　姜伟杰　毛军列　孟文儒　许伯晗　许 骏　奥坤颖
赵倩倩　郑金海　戴 刘　佳 　郭 瑛　雷冬雪　孙冠成　蓟冰清　徐 　王斌鹏
费日晓　周荣楼　　　潘幼建　肖 霄　李 昭　谭发兵　　　

14 级学生名单
查新彧　车俊颖　于 彤　张 楠　刘 芮　梁耀波　陆扬帆　吴昇奕　徐思伟　恒
徐天驹　张 强　晓元光　陈晓敏　廉英豪　骆建宁　谭 健　晏 　黄广伟　婷婷
夏侯蓉　梁万富　胡任曙　刘 宇　张明杰　林 治　岳海旭　徐书其　吴婷婷
许文韬　张 进　王 陈　刘思彤　陈修远　　　　　

15 级学生名单
拓 展　吴结松　张 豪　杰 　冯 琪　黄凯峰　周贤春　胡 珊　沈珊珊　江振彦
种桂梅　李文凯　刘垒雪　缪姣姣　谢忠雄　程思远　顾聿笙　陈立华　陈嘉铮
吕秉田　张 靖　宋春明　邹晓蕾　谢星宇　曹 阳　王敏娇　赵婧靓　邵思宇
宋富民　吴松霖　周 辉　杨肇伦　周 洋　　　　

16 级学生名单
陈思涵　臧 倩　于 明　霞 　袁子燕　代晓荣　梁庆华　吴 帆　吴峥嵘　王婷婷
王浩哲　王姝宁　王一晶　刘姿佑　熊 宣　刘江全　王 永　赵霏霏　杨瑞东
从 彬　李惠敏　童 雅　马亚菲　刘 　吴家禾　蒋玉若　童月清　王 丽
徐新杉　李鹏程　徐 　甜 　裴嘉珺　　　　

17 级学生名单
陈安迪　杨华武　刘 洋　宇 　童素宏　曹舒暖　赵中石　夏凡琦　王智伟　郭金未
赵惠惠　何志鹏　孔 颖　王坤勇　贺唯嘉　徐瑜灵　杨 蕾　刘怡然　刘晓倩
杨淑婷　薛 鑫　　　　　　　

18 级学生名单
陈鹏远　孙媛媛　吴 慧　敏 　刘 洋　李家祥　李 天　李 让　郭 鑫　李 雅
周 　到 潮　书镛　蒋 雅　时 远　尹子晗　刘颖晨　刘颖宇　黄瑞安　张 柳
林晨晨　孙晓雨　张 翔　郑 航　陈健楠　方园园　林 宇　夏心雨　妍
李谷羽　刘恺丽　刘 伟　刘颖琦　　　　　

19 级学生名单
程 绪　王家洲　周 诗　琪 　冯杨帆　史鑫尧　袁 琴　况 赫　刘 贺　谭锦楠
王 锴　谭路路　李 乐　青 　宋晓宇　王赛施　廖伟平　温 琳　岑国桢　郑经纬
卜 真　孔 严　王子涵　范嫣琳　李心仪　傅婷婷　王新强　谷雨阳
何 璇　李芸梦　明 文　静 　张 尊　翁 昕　　　

20 级学生名单
陈铭行　张塑琪　王 琪　路 　王 路　胡永裕　于文爽　雷 畅　邢雨辰　朱凌云
孙 杰　李 昂　王 瑞　蓬 冉　翁鸿祎　袁振香　王译漫　丁嘉欣　吴子豪　罗紫娟
刘亲贤　王明珠　张 梦

目录　Contents

基本设计 Basic Design

通向认知的"基本设计"

傅筱

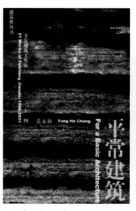

图 1:《平常建筑》　　　　　　图 2:《欧洲现代建筑解析》

一、"基本设计"的缘起

从2000年起，南京大学建筑研究所在研究生一年级开始开设"基本设计"课程，这一课程开设至今已近20年，回溯当年，南大开设这一课程是有其显著的时代背景的。从20世纪20年代起，中国就开始尝试引入西方现代建筑，直至20世纪90年代中期，前后近70年的时间，现代建筑从未作为一种正式的建筑理论和实践方法引入中国。时至20世纪90年代中期，各种主义、思潮仍然是国内建筑界探讨的热门话题，可以说"现代建筑的引进一直是一部似通未通的历史，各种主义的引进则近乎导致了一场混乱"（冯仕达，2000）。

1998年前后，一些思想活跃的中青年建筑师开始了新的思考，其中比较有代表性的观点是由张永和教授提出的"回归建造"，由丁沃沃、张雷教授提出的"强调技术逻辑性、注重建造真实性"，由张雷教授提出的"基本建筑"等思想。张永和的观点主要体现在《向工业建筑学习》一文和《平常建筑》（图1）一书中。而丁沃沃、张雷则在1998年《形式的逻辑》一文中表明了他们的主张，随后又出版了由丁沃沃、张雷、冯金龙主编的《欧洲现代建筑解析》（图2）系列著作，对其观点进行了较为深入的阐述。在这些理论的影响下，我国相继建成了一批有着探索意义的实验作品，比较有影响力的作品有：张永和早期的北京中科院晨兴数学中心，以及后来的西南生物工程产业化中间试验基地，张雷设计的南京大学陶

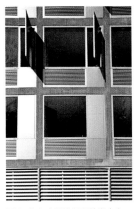

图 3: 北京中科院晨兴数学中心　图 4: 西南生物工程产业化中间试　图 5: 南京大学陶园研究生公寓　图 6: 南京大学大学生活动中心
　　　　　　　　　　　　　　　　验基地

园研究生公寓、南京大学大学生活动中心等作品（图3、4、5、6）。这次探索从本质上讲，是为了继续探究"似通未通"的现代建筑，但是与以往不同的是，这一次不再受到风格的困扰，第一次从"建筑本源"的角度探索和引进现代建筑。

　　在这样的背景下，也就不难理解南京大学建筑研究所开设基本设计课程的意义和作用了。基本设计本质上是在讨论现代建筑的基本问题，并不同于通常的基础设计教育。基础设计是向学生教授一些最为基础性的设计知识，是面向建筑学的基本问题的探讨，这也就是为何基本设计课程在研究生阶段开设，而它通常是本科入门阶段的训练。

二、"基本设计"的两个十年

　　2000年前后，建筑学基本问题、现代建筑理论和实践方法，已经逐渐成为国内学者们的热点议题。对建筑学来说，教学应被看作另外一种实践（丁沃沃），这种实践摒除了工程实践中的种种不可控因素，可以较为自由地探求一种合理的设计方法，这对于一些处在摸索中的设计方法研究是十分重要的手段。所以，从2001年起，南大的基本设计课程开始邀请国内外有探索精神的中青年建筑师来执教，先后前来教学的外聘教师有吴刚、K. Rossen、王方戟，葛明、冯国安、

图7: 学生答辩现场

冯路等，本校任课教师有张雷、周凌、朱竞翔、吉国华、傅筱等。与其说是邀请众多的建筑师前来教学，不如说是通过基本设计教学，诚挚邀请学者们前来探讨我国建筑学之发展。基本设计课程教学呈现一种开放的氛围，每一次课程答辩都是十分隆重和热烈的，几乎所有的教师都会参加，答辩已经不只是教学范畴之事，而是教师之间的一种学术探讨，只是这种探讨的对象是学生的作业而已。教师的点评几乎是知无不言，言无不尽，时而激昂，时而深沉；学生也从中获益匪浅，每一次答辩，学生几乎全程参加，甚至吸引很多高年级研究生以及外校学生前来聆听答辩（图7）。

2011年后，基本设计教学在教师安排上开始有所变化，逐渐固定为张雷、傅筱两位老师授课。其主要原因是经过近十年的发展，当初探讨的现代建筑基本问题已逐渐深入人心，通过基本设计教学来探讨现代建筑的使命已经告一段落；另一个重要原因是南大的本科教育也迎来了第一届毕业生，基本设计的理念已经在本科教育中得到较好的体现和落实，但是对前来南大求学的研究生而言，基本设计仍然是深受喜爱的重要课程。南大在外聘教师的方向上逐渐转向于概念设计、建构设计、国际工作坊等研究生课程。

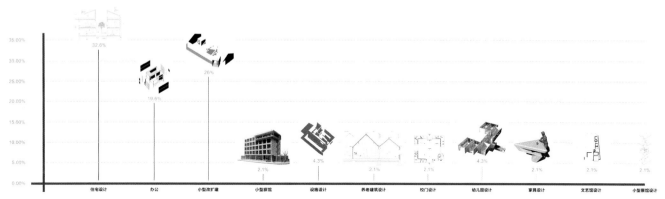

图 8: 基本设计课程建筑类型分布图

三、小中见大的"基本设计"

对于设计课而言，设计题目的选定十分重要，题目代表了课程需要探讨的内涵和目标。根据近20年的统计结果看，基本设计共计31个不同的题目，部分题目重复使用，共计教学367组学生，参与学生共663名，其中包含11个建筑类型，主要包括住宅（包含宿舍）、小型改扩建、办公、办公居住混合、幼儿园、小型旅店、小型展览馆、文艺馆、校门以及公共设施、家具等。在这11类中，住宅占32.6%，小型改扩建占26%，办公（居住办公混合）占20%，其余各类型占21.4%（图8）。

从中不难看出，基本设计课程的题目是以与人的生活生产紧密相关的类型为主，设计的范围涵盖了整个建成环境的探讨。在这些题目中，绝大多数的题目规模都控制在几百平方米范围之内，最大的单体规模也未超4000平方米，这一方面是为了便于问题探讨，利于学生掌控，但其中还含有更重要的教学研究目的，那就是建筑设计方法的认识和理解不能建立在建筑规模的增长上，也不能只建立在建筑功能类型的训练上。

传统的建筑设计课程是从小向大的建筑类型逐渐过渡，学生毕业时对复杂的建筑类型十分熟悉，但是对现代建筑的设

图 9: 基本设计课程作业

计方法却十分陌生，"功能泡泡图产生平面，平面再产生立面，立面主要研究美学"是学生对设计的主要认知。实际上，建筑学基本问题不是由规模决定的，无论大体量还是小体量建筑，场地、空间、功能、建造等基本问题在本质上是相同的，这些基本问题在每一个具体项目中，将演化为更为具体的次级问题，如何通过设计整合这些基本问题以及延伸的次级问题，这里面显然是需要方法的。如果学生掌握了由问题导向的设计方法，规模大小就不是障碍。同理，如果掌握了现代建筑的设计方法，建筑类型也不是问题，合理的方法将引导学生面对不同类型的问题做出合理的判断。

此外，如果教师在教学中频繁地更换题目，也会造成教师对题目吃得不够透，而无法引导学生理解设计方法的问题。在近年来的宅基地住宅设计中，教学组尝试了反复使用同一个题目的方式，根据每年的教学结果，对题目进行打磨，经过5—6年的教学尝试，取得了一定的教学效果。在教学中，教师十分熟悉题目中的各种基本问题碰撞产生的矛盾，较容易把握学生可能存在的认识偏差，从而进行引导，让学生在设计操作中体会到设计方法的价值，这样的认知是难以通过书本获得的。从教学成果看，两块基地，共计50组作业，学生基本上能够学会从问题出发，然后用形式操作解决问题的方法。课程结束时多数同学抛弃了翻阅杂志做设计的习惯，较好地理解了形式源于问题的基本内涵（图9）。

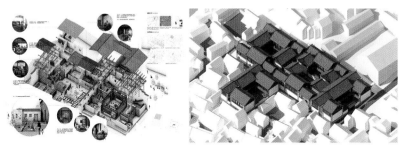

图 10: 小规模规划和项目策划训练

四、"基本设计"教学是另一种实践

　　基本设计课程的题目几乎都是来自任课教师的设计实践，或者来自实践中某个问题的发现，有针对性地设计的题目，其本质并不是教师简单地将工程实践挪移至课堂之中，而是反映出教师的实践与课堂教学的一致性，教师如何实践就如何教学，教师如何教学也将如何去实践，二者是一，不是二，这充分表明了南大建筑一直秉持的"教学是另外一种实践"的观点。基本设计的题目从实践中选择，也避免了没有问题导向的教学，更避免了没有真实问题导向而制造问题的教学方式。只有题目涉及的基本问题是有依据的，教学才可能成为另一种实践研究，在教学中，教师与学生都将是教学的受益者。

　　在近年来的设计题目选择中，张雷教授根据自己的实践做出过两次较为重要的改变，一是增加了乡村老建筑测绘的内容。在教学中，张雷发现房子在许多学生眼中只是空间和美学，缺少基本的建造观念，通过测绘的练习，让学生补充必要的基本知识储备。另一次改变是在基本设计教学中加入了小规模规划和项目策划训练，其目的是让学生理解建筑师的工作不只是空间和形体，建筑师的能力应体现在对问题的综合把控上，这是跟随当下社会需求对教学中基本问题所做的重要补充，扩充了基本设计的外延（图10）。

图 11: 基本设计课程作业

五、通向认知的"基本设计"

　　基本设计课程探讨的是建筑学最为基本的问题或者说是基本要素，诸如场地、功能（空间）、材料、构造、建造等，而形式是来源于对这些基本问题的操控，不鼓励先入为主的形式，形式是设计过程的自然结果，而不是设计过程的引导，引导设计过程的是基本问题。这在一定程度上拉近了教师与学生的距离，教师与学生之间可以共同探讨一个问题，而不是探讨一种属于个人的设计喜好。更为重要的是，这让建筑设计教学从传统的"领悟"走向了"可教"。

　　可教的部分是基于问题导向的，它通常是逻辑的、理性的，学生之所以缺乏逻辑分析能力和问题判断能力，根本原因是在于学生头脑里充满了各种视觉感官的图片，这些图片基本上来源于媒体，学生醉心于能够在设计中创造类似的形体空间感受，而不知道这些形体空间背后的推动力是基本问题。在教学中，教师的关键作用是进行逻辑分析能力的引导，当学生遇到问题纠结时能及时发现，帮助他做出合理的判断，同时警觉学生脱离问题的形式追求，鼓励学生养成用形式解决问题的能力。经过反复的探讨和形式操作，大部分学生会逐渐掌握其中的道理，虽然最终的设计仍显稚嫩，但已经摆脱了媒体宣传图片的控制，体会到设计的基本内涵（图11）。

　　当学生明白设计的基本内涵之后，教师通常在课程结束时会告诉学生，设计中同时存在着"不可教"的部分。这一部分是属于个人的，它通常与每个人的成长经历、社会阅历、思想境界乃至个性偏好紧密相关，但是这些不可教的部分与基本问题并不矛盾，它们是在基本问题基础上的个性追求。世界如此丰富多彩，其根源就是个性与共性的和谐，偏向任何一边，都将是人类精神家园的灾难。

图 12: 学生答辩现场

六、"基本设计"的起点和终点

基本设计课程开设之初，得力于国内众多学者、建筑师的大力支持，从而有了一个良好的开端。这一路走来，同样离不开学界友人们的倾力奉献和帮助。一个课程，能够持续开设近20年，说明它必然在探讨一个建筑学的重要问题。但是作为一门课程，它是能够持续开设下去，还是已经到达最初预设的终点而可以结束？

在课程设置之初，南大建筑研究所曾经有所思考，当时设置的研究生设计课程包括两个方向，共四门课程。一个方向是注重设计思维和认知训练的课程，包含"概念设计"和"城市设计"；另一个方向是注重基本问题和操作实训的课程，包含"基本设计"和"建造技术研究"。实际上，这两个方向是不能完全分开的，分项训练是教学的方式方法，整合才是最终目标，两个方向的课程同时开设，其目的也是让学生理解二者均不可偏废（图12）。基本设计课程以讨论建筑基本问题为起点，它的终点却是让学生形成正确的设计思维，概念设计课程的目标虽是训练设计思维，但其讨论的起点却是实践中的问题，离开问题导向的概念是没有意义的。基本设计课程必将有终点，但是基本设计探讨的问题是没有终点的，不同的时代将面临不同的基本问题，这些基本问题永远是设计的起点。

傅筱

1 ● 住宅设计   32.6%

2002	高校学生宿舍设计
2002	集合住宅设计
2002	单身教师宿舍设计
2003	城市院落住宅设计
2006-2007	东西向低层住宅设计
2007	建筑师的家和工作室
2007	分析-重构
2008	私人青年会所
2014-2020	宅基地住宅设计
2019	一家人的城乡

2 ● 办公（含居住办公混合）   20%

2004-2005	SOHO工作室设计
2004	校园研究所设计
2004	创作基地
2007	某设计院建筑创作空间扩建
2008-2010	民国住宅群中的艺术家SOHO

3 ● 小型改扩建   26%

2005-2006	拆·建
2009-2010	南京老城南民宅的功能置换及改造研究
2011	南京老城南大板巷西侧、绫庄巷两侧的更新改造设计研究
2012	南京老城南升州路北侧评事街至大板巷段、评事街两侧的更新改造设计研究
2014-2016	传统乡村聚落复兴研究

4 ● 小型旅馆   2.1%

2009	经济型宾馆设计

5 ● 设施设计　4.4%

2009　Framing Surface: 校园公共服务设施设计
2010　高差: 校园公共服务设施设计

6 ● 养老建筑设计　2.1%

2016　低龄老年人休闲社区设计

7 ● 校门设计　2.1%

2003　南京大学入口区域设计

8 ● 幼儿园设计　4.4%

2012　鄂尔多斯东胜区林荫路幼儿园设计
2013　南京大学幼儿园设计

9 ● 家具设计　2.1%

2008　两个艺术家会所—西件"家具"

10 ● 文艺馆设计　2.1%

2006　校园文艺馆设计

11 ● 小型展览馆设计　2.1%

2002　展示空间设计

参与课程设计小组总计：367
参与学生总数：663

2 0 0 1

2010

高校学生宿舍设计
College Student Dormitory Design

指导老师：张雷　周凌

教学目的

　　课程从"空间""场所"与"建造"等基本的建筑问题出发，通过某高校学生宿舍这一课题的设置及训练，帮助刚刚进入研究生学习阶段、来自不同背景的学生回到建筑问题的起点，梳理已经接触到的建筑知识，树立正确的建筑观，建立对建筑的生成过程、设计过程与设计方法的基本认识与理解。

设计过程

1.体验空间：拟定问卷，访问高校学生生活区及宿舍　　　　0.5周

2.分析实例：选择宿舍居住单元，进行图解分析　　　　　　0.5周

3.提出问题：提出设计问题，制订设计任务书　　　　　　　0.5周

4.组合空间：以居住单元作为研究对象开始工作　　　　　　1.5周

5.限定场所：通过居住单元的组合关系的研究，回应既存的校园空间秩序，创造积极的生活场所　　　　　　　　　　　1.5周

6.构筑细节：仍然以居住单元为工作对象，研究材料的选择、连接方式以及与空间的关系　　　　　　　　　　　　　2.0周

7.设计表达：表达是设计的组成部分，是对建筑问题及真实空间的理解　　　　　　　　　　　　　　　　　　　　　1.5周

宿舍单元的组织方式实际上是建立在对基地的分析与研究基础之上的，尊重校园空间的现存结构关系，强化其空间构成秩序是总体关系研究的基本条件。

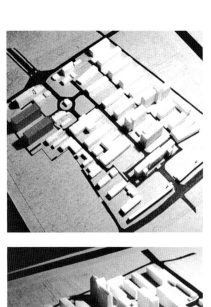

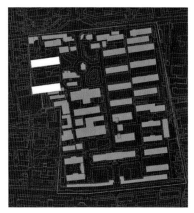

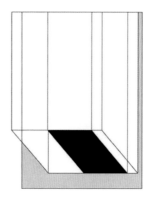
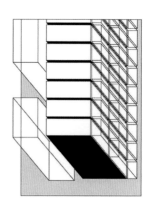

宿舍单元空间清晰的组织结构及其与交通空间率直
的联结方式是对传统的学生宿舍类型学思考的结果。

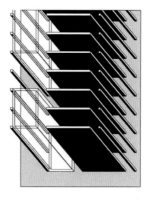
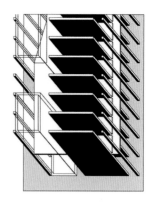

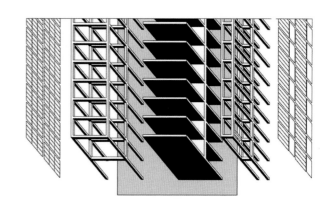

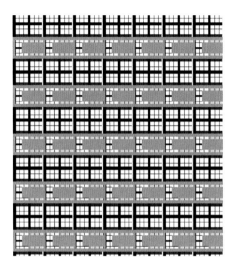

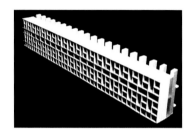

结构关系的研究始终是设计训
练的重点，形式系统的认知与抽象是
设计基础课程的重要环节。

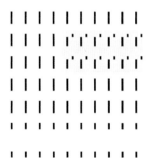
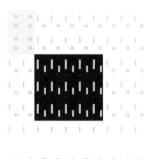
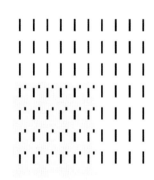

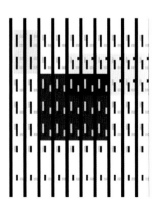

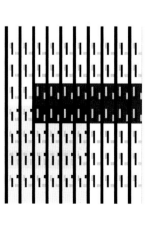

Detail 1:15

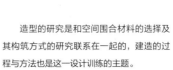

造型的研究是和空间围合材料的选择及其构筑方式的研究联系在一起的，建造的过程与方法也是这一设计训练的主题。

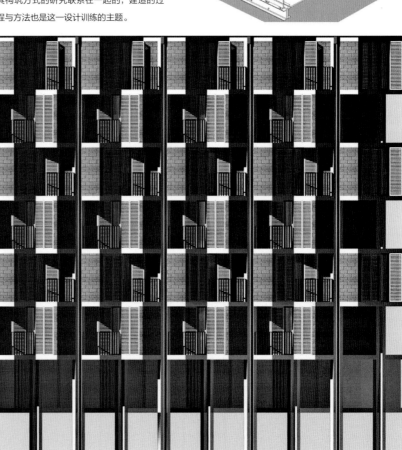

集合住宅设计
Basic House Design

指导老师：吴刚　　K. Rossen

教学目的

　　课程以对"居住"这一最基本的生活空间的讨论为出发点，并以中国目前面临的"大批量"和"高速度"等现实问题为背景，引发学生对"类型""元素""空间的和建筑的"等基本建筑问题的分析和思考，激励学生提出具有创造性的、能够高质量解决这一问题的策略和方案。

教学大纲

　　整个课程设计时间为8周。设计练习过程中由老师综合授课，教师和学生共同分析实际案例，提出问题，研究策略和方案，深入构造细节及设计表达等。

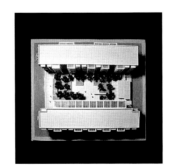
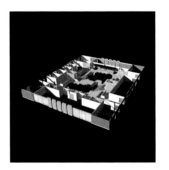

学生：李亚伟　王丹丹　马俊　张颖　谷华　阴惠玲　钱学军　廖杰　赵沁芳　王琨　李鹏　马金凤

01 集合住宅设计 2002
Residential Design

学生：李亚鹏　王琨　李鹏

形式与空间的演变

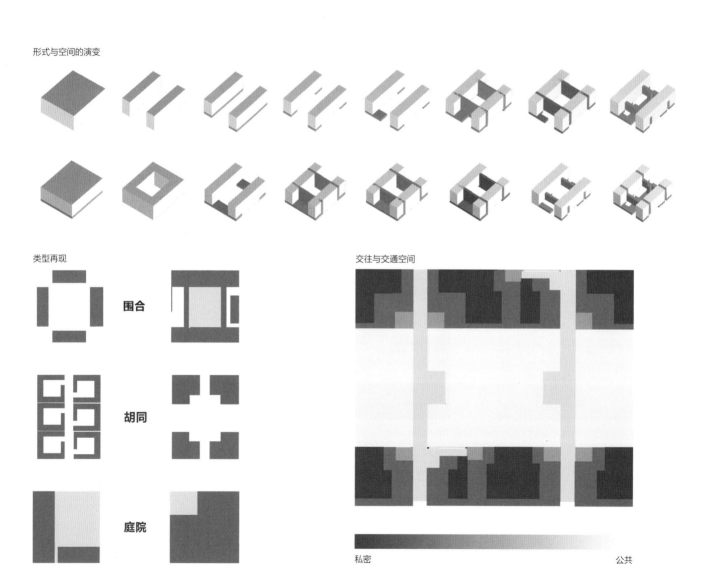

类型再现

围合

胡同

庭院

交往与交通空间

私密　　　　　　　　　　　　　　公共

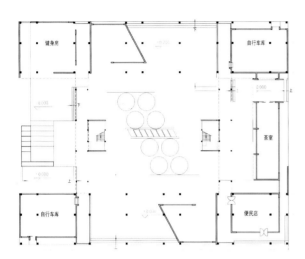

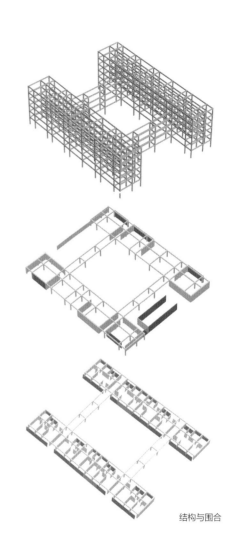

结构与围合

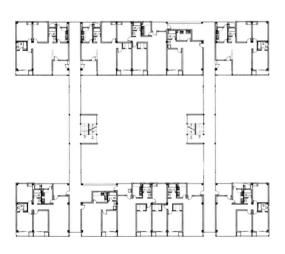

节点构造的设计是设计基础关注的另外一个重要方面,一个设计概念的提出到实现需要技术措施的支持,从结构选型、材料的运用到构造处理,以往都是学生的薄弱环节,强化这方面的训练有助于学生综合设计素质的提高。

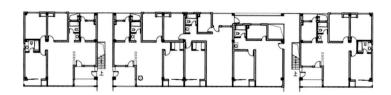

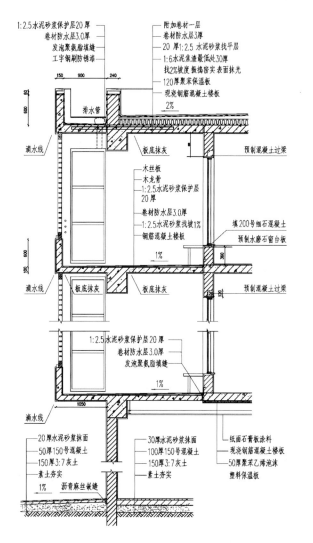

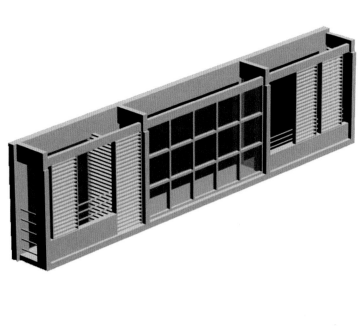

02 集合住宅设计 2002
Residential Design

学生：王丹丹　阴慧玲　马俊

设计概念

原型的运用和空间的组合，试图创造出自由的街巷来展现交往空间的体量感，设计过程中，在对调研的街巷的空间组成以及居住组团驻点空间的分析中，倾注了更多的人文思考。

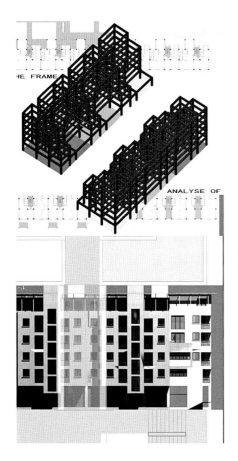

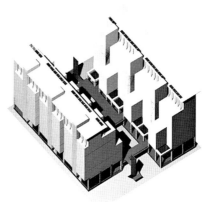

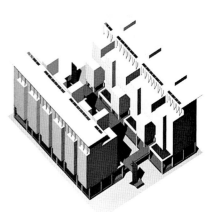

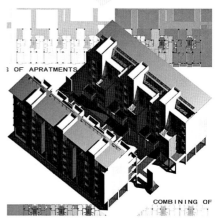

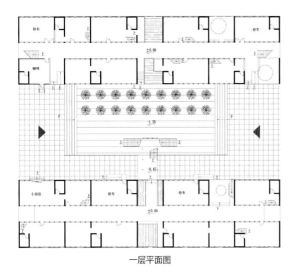

一层平面图

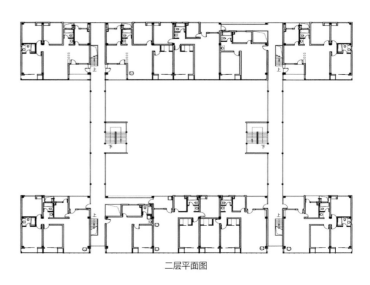

二层平面图

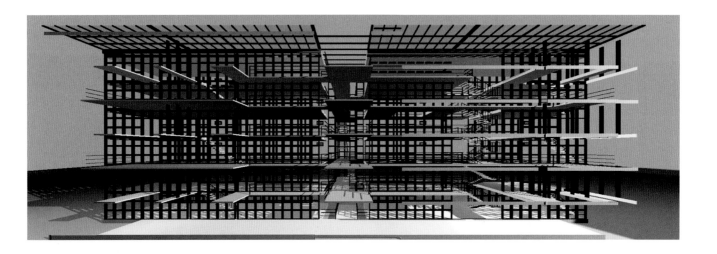

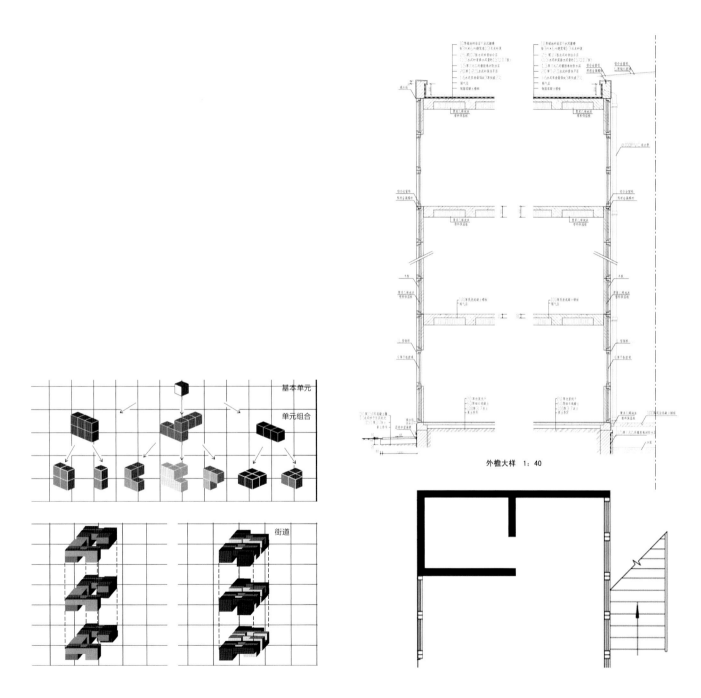

外檐大样　1：40

基本单元

单元组合

街道

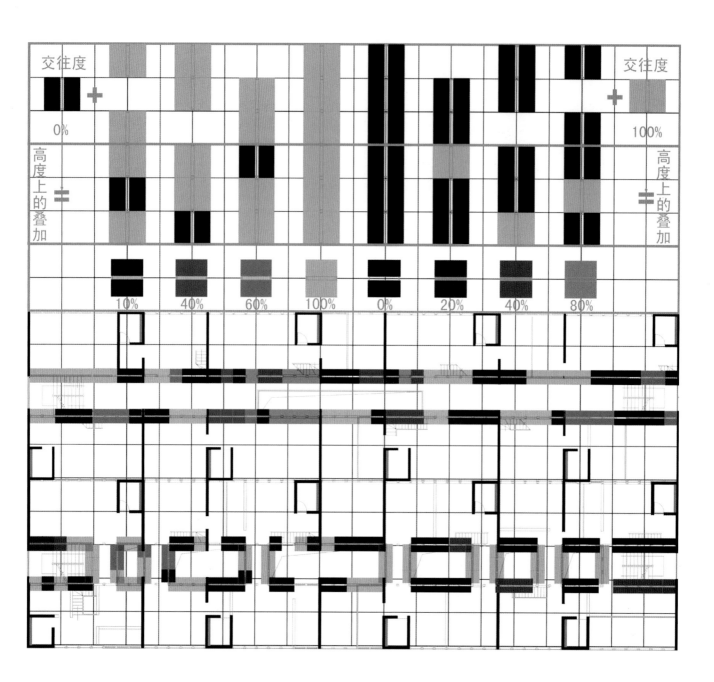

建筑效果图
Architectural
Renderings

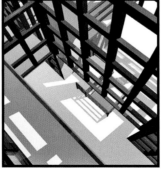

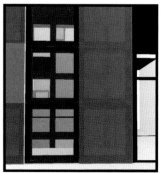

单身教师宿舍设计
Single Dormitory Design

指导老师：张雷

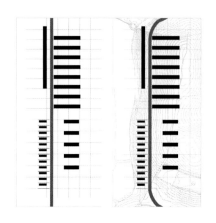

教学目的

    课程从"空间""场所"与"建造"等基本的建筑问题出发，要求学生通过教师生活区这一设计课题的训练，建立正确的建筑观，达到对建筑设计过程与设计方法的基本认识与理解。

建造地点　中国南方城市校园内

研究主题　空间/场所/建造

设计内容

教师公寓	130平方米/套×36套
教师小住宅	180平方米/套×12套
单身教师宿舍	6000平方米

设计合作

    每个设计工作组由三位同学组成，分别设计教师住宅区的三类建筑，并在一起研究它们的总体关系，每位同学的工作都是其他同学的设计条件。

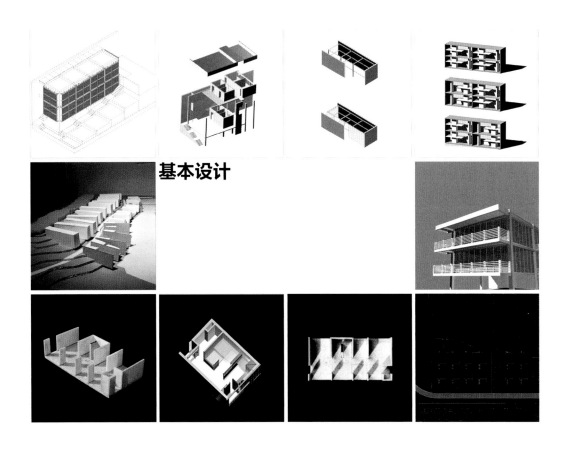

基本设计

学生：陈苹 陈志翔 王铠 戚威 马丽 梅蕊蕊 刘亮 肖育智 王鹏 张启菊 姚志琳

01 单身教师宿舍设计 2002
Single Dormitory Design

学生：王铠

设计概念

    在总体规划上，规整的基本网格与基地缓坡形成间隙和微弱的冲突，产生清晰的空间结构，使不同的地段也具有一定的可识别性。在单体设计上，从基本户型单元的研究开始，采用了适应中国南方城市气候特点的单廊式布局，对住宅中的最基本不变要素和附加可变要素的研究，使得基本户型在空间与用途上具有多种可能性。

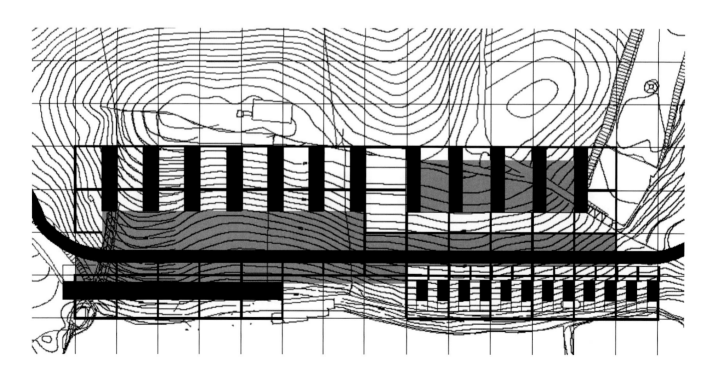

主卧室　卫生间　厨房　卧室　起居室

书房　餐厅　储藏

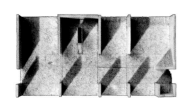

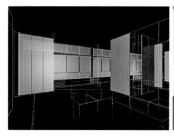  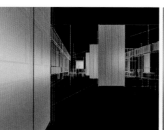 

立面分析

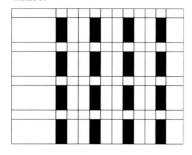

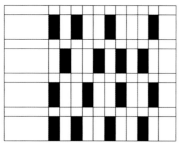

用来遮挡日晒和视线的推拉式百叶

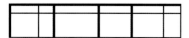

外围护结构的骨架和填充体

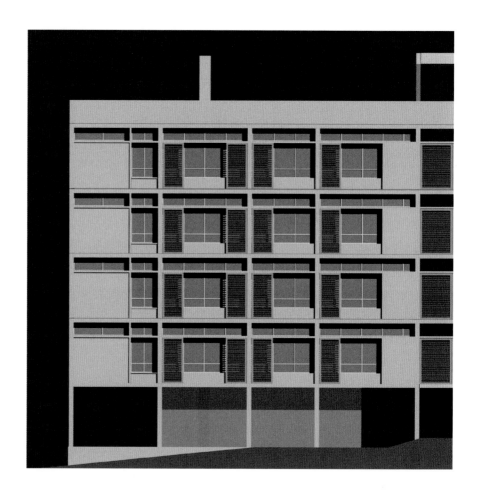

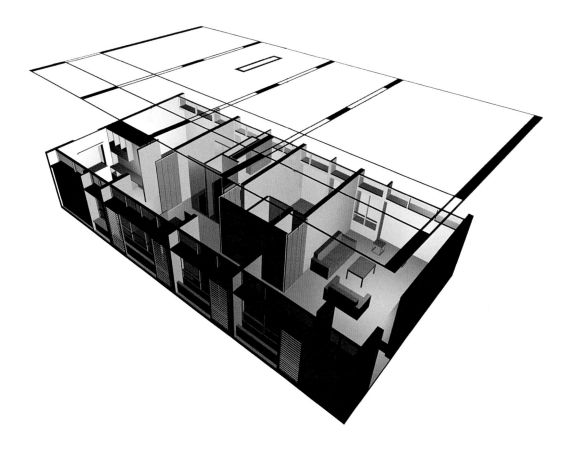

02 单身教师宿舍设计 2002
Single Dormitory Design

学生：刘亮

设计概念

　　在总体规划上，建筑在网格线的控制下形成规划的几何形体与空间，与基地有机的自然地形产生冲突与融合的关系，进而形成空间之间微妙的关系；在组团设计上，低层高密度的住宅围合出街区与庭院，形体的简单重复产生韵律感，视线通过建筑的缝隙到达水面；在单元设计上，厚实的墙体隔绝了声音与视线的干扰，采光廊解决了采光通风和垂直交通的问题，外表皮体现了内部空间与外部环境的过渡。

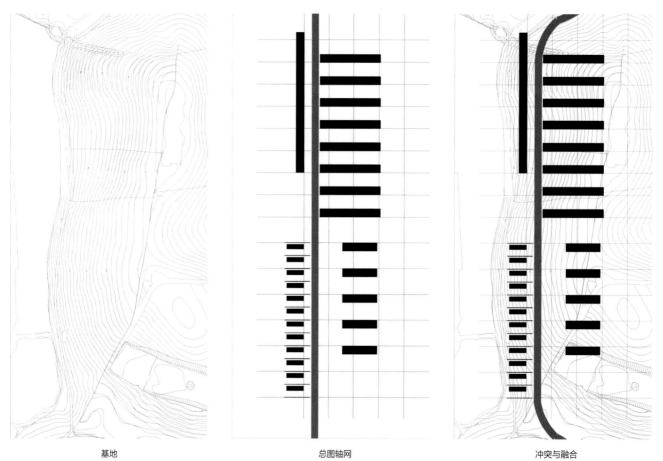

基地　　　　　　　　　　　　　　总图轴网　　　　　　　　　　　　　　冲突与融合

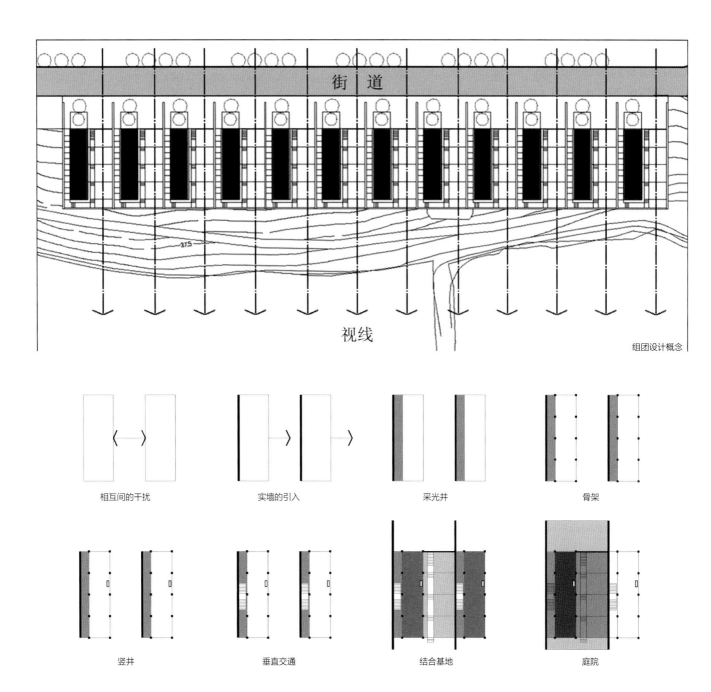

街道

视线

组团设计概念

相互间的干扰

实墙的引入

采光井

骨架

竖井

垂直交通

结合基地

庭院

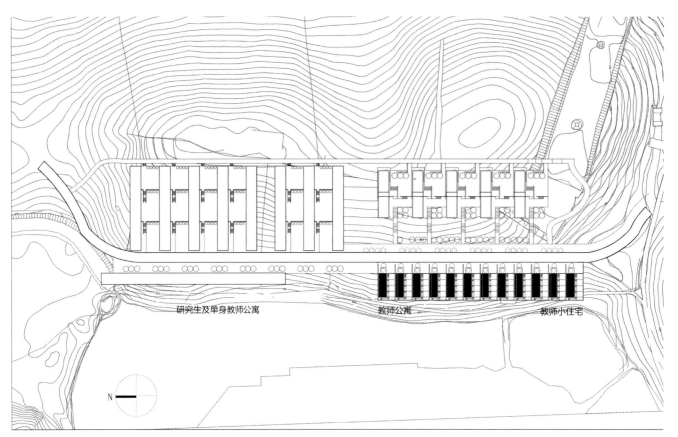

研究生及单身教师公寓　　　　教师公寓　　　　教师小住宅

N

总平面&区域位置图

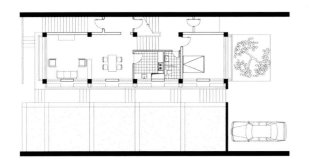

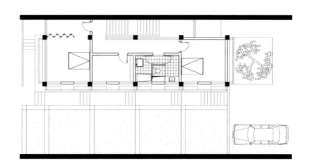

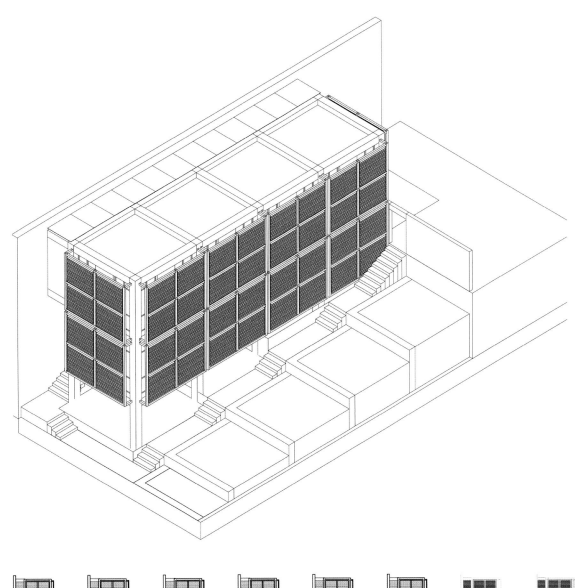

设计概念

    我们可以发现很多功能和空间模糊在一起，这种模糊让空间实现了最大限度的利用与自由，在这里空间实际因功能而变化，是最自由和富有人性的变化，这种变化往往是人们非自愿的自主。这种模糊性在我居住的学生宿舍是空间的主宰，可是又使我们不能避免因模糊而相互干扰。

    在这个设计中，我试图去寻找这种模糊和清晰的轨迹。当模糊的空间因为这种轨迹而清晰的时候，空间的变化就会成为一种主动的可控性的行为，因模糊而产生的干扰也就随着这种界限消失了。

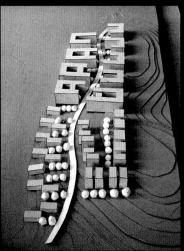

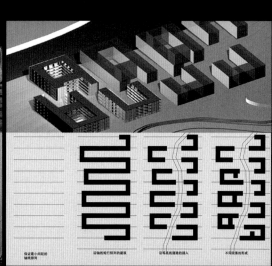

基本居住单元

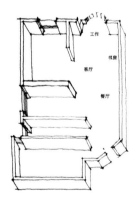

这是一个两人间宿舍，空间很小，供两人日常生活与居住已经十分拮据，两块可以转动的构件使这个狭小的空间在模糊的使用下有了可变的界限。

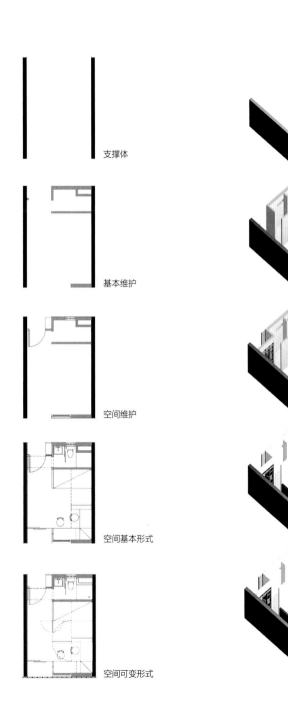

支撑体

基本维护

空间维护

空间基本形式

空间可变形式

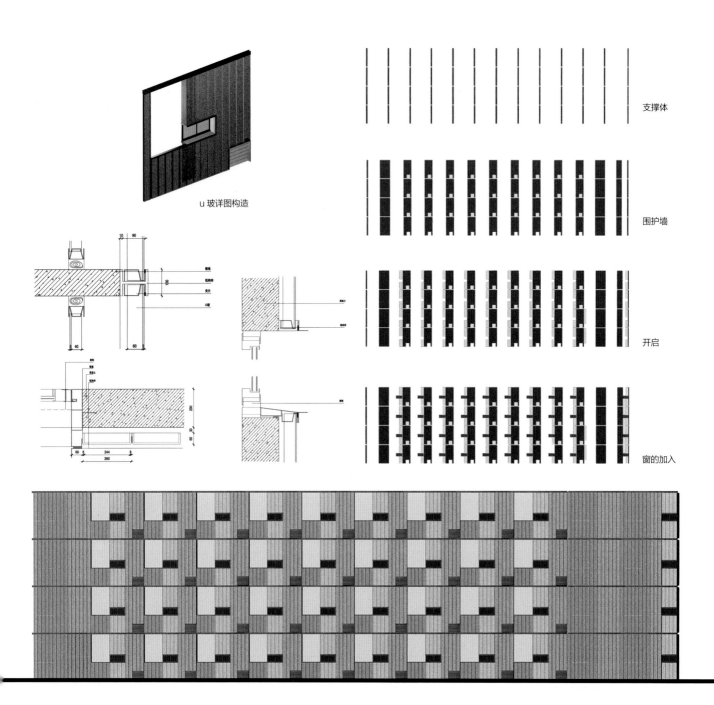

u 玻详图构造

支撑体

围护墙

开启

窗的加入

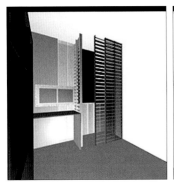
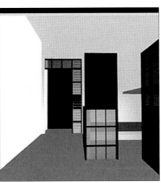
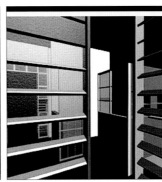

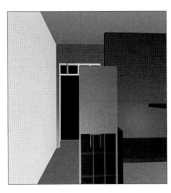
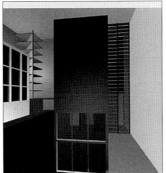

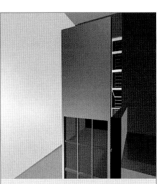
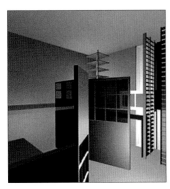

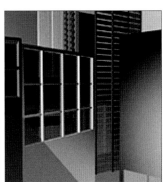

展示空间设计
Display Space Design

指导老师：朱竞翔

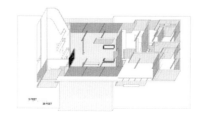

课程简介

　　许多研究生已经体验过综合性建筑项目的设计，但这并不代表其工作方法已经稳定，思维逻辑已经严密，这一基本课程致力于设计言语语言的规范，力图将学生的关注点从物体与形式向空间以及设计发展的逻辑转移。

　　围绕这一目标，教师分阶段安排一系列小练习：平面默画的快速练习使学生看到了个人印象对真实的另一种反映，其间不乏巨大的扭曲；对校园建筑的调研讨论了建筑赖以成立的要素，同时归纳了基于图形的分析方法；空间体验阶段安排学生按1:1尺度建造密斯的巴塞罗那馆的空间模型，它与讲座一起帮助学生看到了不可见的空间，而在一天之内的拆装也使学生们了解空间与其实现手段的关系。

　　最后学生被要求分析路斯、柯布以及密斯等人的作品，尝试将富于层次的分析触及建筑师的操作策略乃至其基本空间意图。不同小组的工作汇集到一起，还共同构成了学生们对一段空间知觉演进历史的认识。

　　在这门课程的组织之中，还包含着对设计活动之基础的重新探讨：它不再仅瞩目于用以产生新物体的操作方法，而更转向能够对事物间关系进行反复研究的观察方法。

学生：程越　王一锋　陈军仕　胡友培　胡幼骐　黄瑜　孔晡虹　刘俊　吴一凡　周超

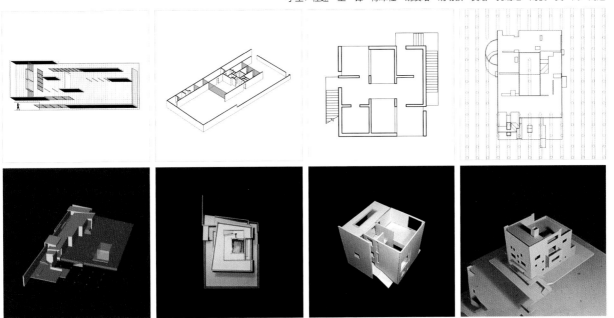

1
2

Enveloped Space

ADOLF LOOS
VILLA MUELLER, PRAGUE, 1930
LI MING
EXHIBITION DESIGN, NJU, 2002

01 展示空间设计 2002
Display Space Design

学生：程越

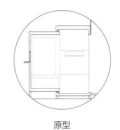

原型

充分体验

特征界面

案例研究

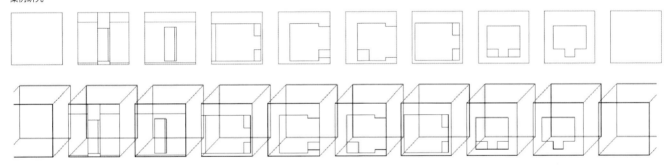

转化平面

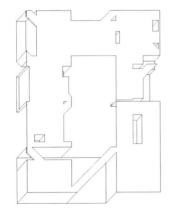

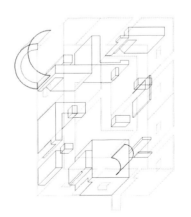

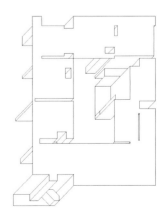

02 展示空间设计 2002
Display Space Design

学生：王一锋

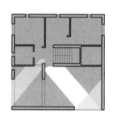

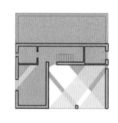

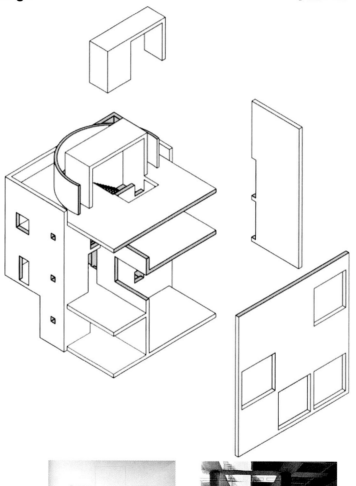

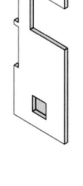

设计平面图

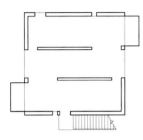

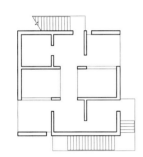

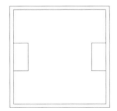

空间及限定

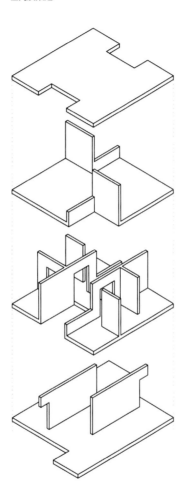

室内表现图

南京大学入口区域设计
The Entrance of Nanjing University

指导老师：吴刚　K.Rossen

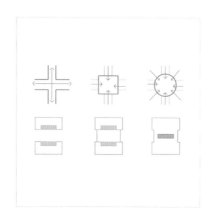

设计任务

　　分析现在入口在街道中的位置与现状，街道的长度将分布着商店与饭店的整条街道包括在内。

　　分析交通状况，包括公共交通、安全性、舒适程度、树木、地面的高差、建筑物等等。当人们进入入口时，入口对人的感受有何影响？舒适还是不舒适？导向性明确还是缺乏？

　　设计和整合教学区与生活区之间的入口区域空间以改善现状。

表达

分析	图纸、照片等
都市文脉	1：1000
总平面图	1：500
总体剖面图	1：500
平面、立面、剖面	1：200
细部	
材料、概念图、照片、样品等	
模型	1：500

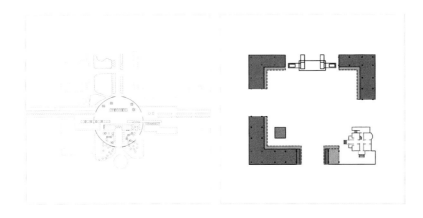

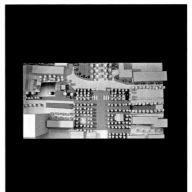

参与学生：刘洛微　王庆明　Hauke Dost　金东禹　潘卉　石飞　赵栋　蔡树森　张曦元　缪峰　马鑫

01 南京大学入口区域设计 2003
The Entrance of Nanjing University

学生：刘洛微　王庆明

前期分析

交通：可以供行人、自行车、出租车、私家车转弯、直行以及停
　　　车等

周边：银行、信件收发、等候室、引导室、超市等

景观：两个大门相对，一个是学校的标志，另外一个是住宿区的
　　　入口，中间用绿化带相隔

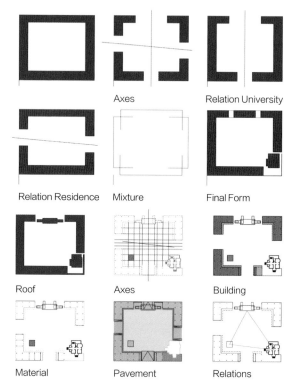

Axes　　　　Relation University

Relation Residence　　　Mixture　　　Final Form

Roof　　　　Axes　　　　Building

Material　　　Pavement　　　Relations

All traffic :
for walking,bicycles,taxie
Go forwards ,turn around and g

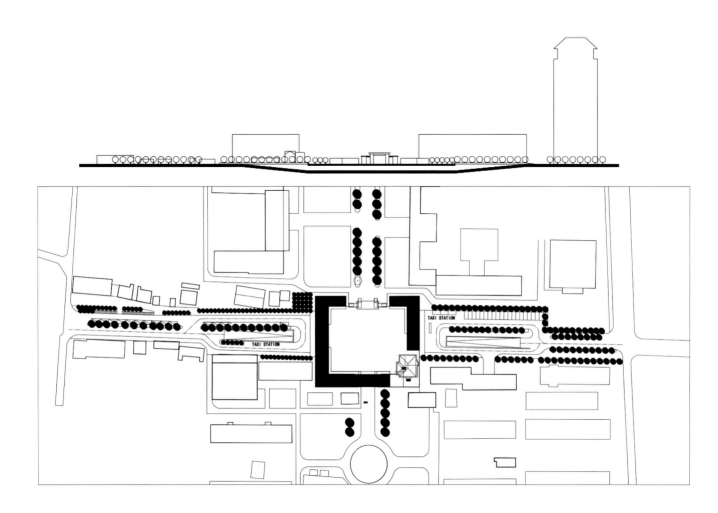

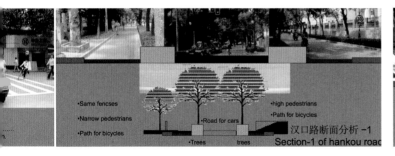

汉口路断面分析 -1
Section-1 of hankou road

汉口路断面分析 -2
Section-2 of hankou road

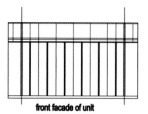

front facade of unit

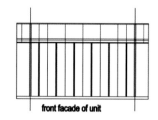

front facade of unit

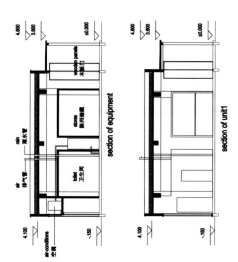

section of equipment

section of unit1

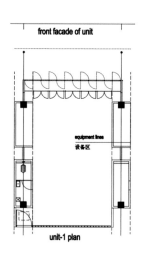

front facade of unit

equipment lines
设备区

unit-1 plan

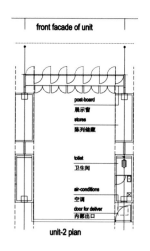

front facade of unit

post-board
展示窗

stores
陈列储藏

toilet
卫生间

air-conditions
空调

door for deliver
内部出口

unit-2 plan

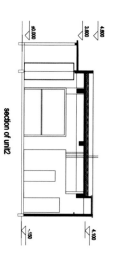

section of unit2

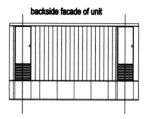

backside facade of unit

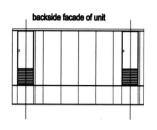

backside facade of unit

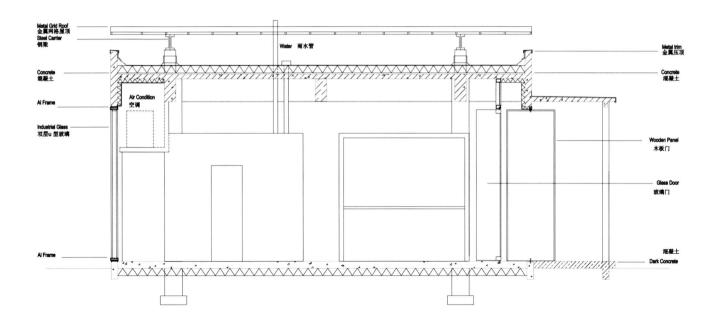

Metal Grid Roof
金属网格屋顶
Steel Carrier
钢梁

Water 雨水管

Metal trim
金属压顶

Concrete
混凝土

Concrete
混凝土

Al Frame

Air Condition
空调

Industrial Glass
双层u 型玻璃

Wooden Panel
木板门

Glass Door
玻璃门

Al Frame

混凝土
Dark Concrete

城市院落住宅设计
Urban Houses with Courtyard

指导老师：张雷

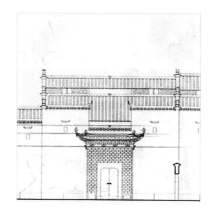

教学目的

　　课程从"场所""空间"与"建造"等基本建筑问题出发，要求学生通过城市院落住宅这一课题的研究，从内与外、公共性与私密性等关系入手，探讨高密度城市活动与真实的生活空间的关联，最终通过这一课题的训练达到对建筑设计过程与设计方法的基本认识与理解。

设计过程

1. 解析民居：自由选择以院落组织空间的传统居住建筑，并以图示以及模型的方式进行分析

2. 组织空间：以居住单元作为研究对象，探讨院落对居住空间的意义

3. 限定场所：通过对居住单元的组合以及三种不同规模的建筑空间关系的研究，创造积极的社区场所

4. 构筑细节：对材料的特性、连接方式以及空间的关系在较大尺度上进行研究

5. 设计表达：表达是设计的一部分，是对建筑问题及展示空间的理解

研究主题　空间 / 场所 / 建造

设计内容

1. 单元研究：120㎡/140㎡/160㎡三种

2. 社区组织：住宅单元在水平与垂直方向的组合

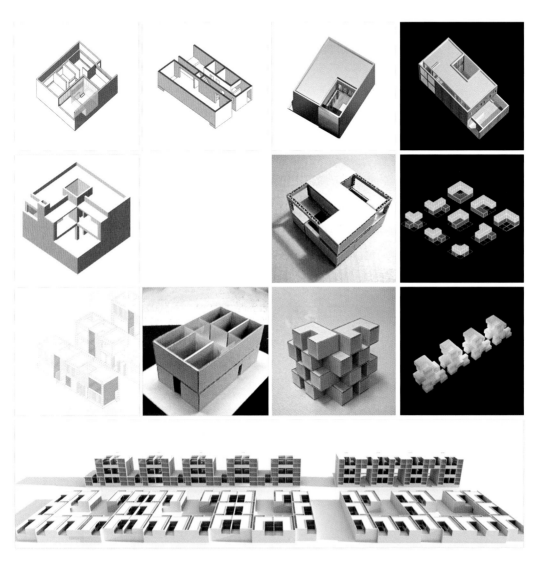

学生：唐莲　蔡梦雷　方伟淼　黎南　刘小敏　闵天怡　孙艳　邱文峰　王宁民　刘柯　周鑫　王蓓　张丽娜

　　室内与室外、公共性与私密性的关系从传统院落居住建筑到高密度环境下城市多层与高层住宅的转换是这一课题训练的重点，当然也一直是多高层住宅居住空间研究的难点，空中庭院的引入增加了居住单元的复杂性，并且在整个剖面关系上改变了传统的居住概念，从某种意义上暗示了新的生活方式的产生。

01 城市院落住宅设计 2003
House and Courtyard

学生：唐莲

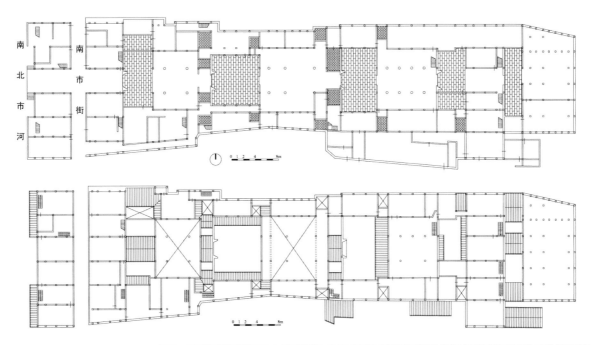

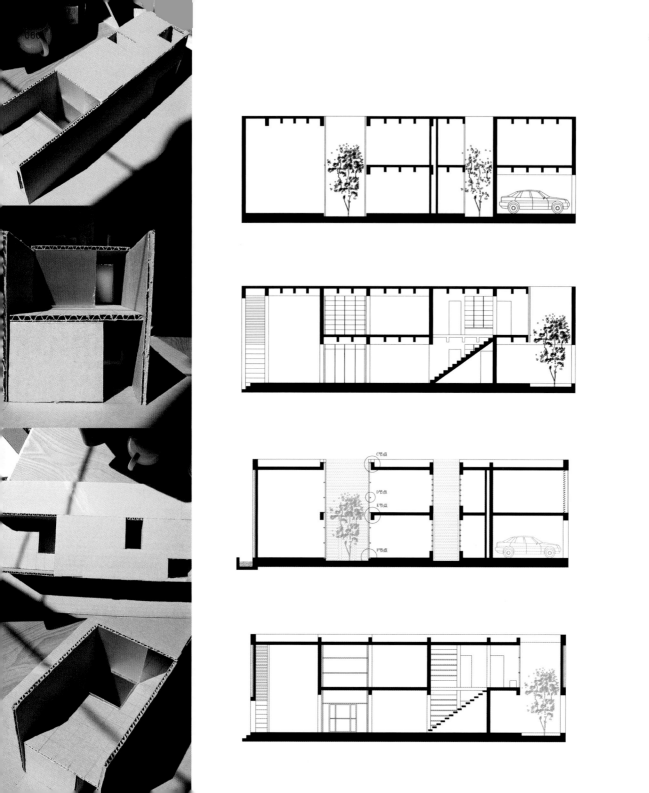

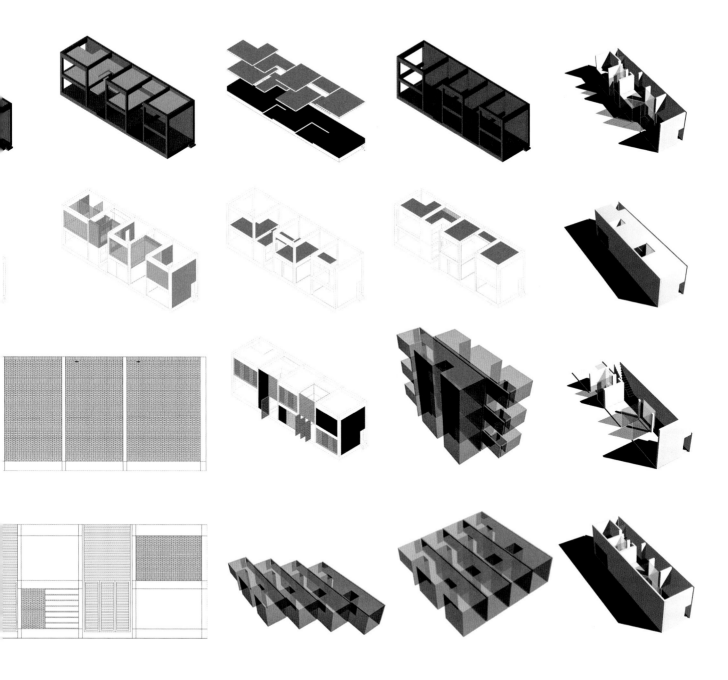

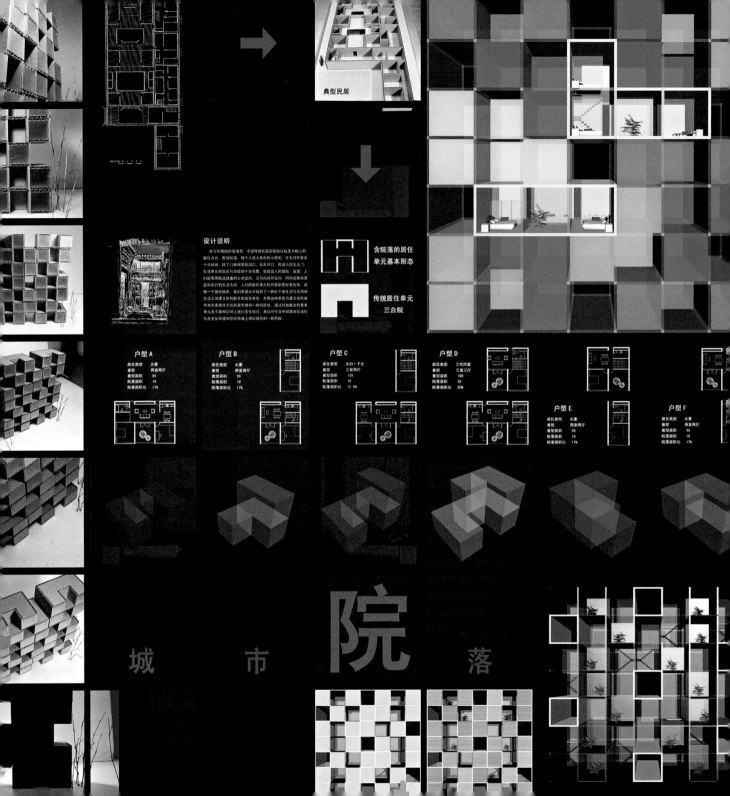

典型民居

设计说明

含院落的居住
单元基本形态

传统居住单元
三合院

户型 A

居住类型　　夫妻
套型　　两室两厅
套型面积　　96
院落面积　　16
院落面积比　　17%

户型 B

居住类型　　夫妻
套型　　两室两厅
套型面积　　96
院落面积　　16
院落面积比　　17%

户型 C

居住类型　　夫妇+子女
套型　　三室两厅
套型面积　　126
院落面积　　16
院落面积比　　12.5%

户型 D

居住类型　　三代同堂
套型　　三室三厅
套型面积　　160
院落面积　　32
院落面积比　　20%

户型 E

居住类型　　夫妻
套型　　两室两厅
套型面积　　96
院落面积　　16
院落面积比　　17%

户型 F

居住类型　　夫妻
套型　　两室两厅
套型面积　　96
院落面积　　16
院落面积比　　17%

城　市　院　落

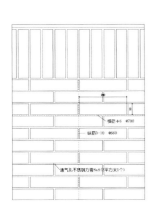

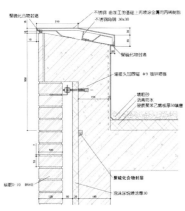

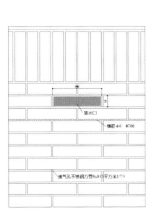

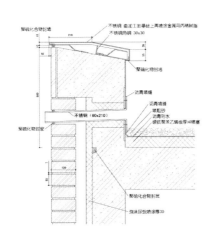

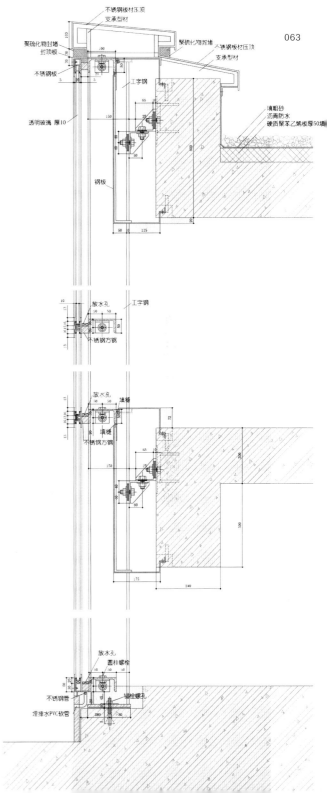

校园研究所设计
Campus Research Institute Design

指导老师：王方戟　葛明

课程目标

　　课程以空间为主要线索，以剖面设计为主要要求，要求学生通过在校园南区设计一座研究所建筑，学习如何逐步将一个看上去十分简单的项目深入到具有空间品质的阶段。

课程内容

1.在校园南区设计一座研究所建筑，这是一个省略了设计中个别环节的课题，抽掉了某些技术性的讨论，直接给出了房间的尺寸。课题中值得特别注意的是，任务书中明确了房间的最小净高和房间的矩形平面关系。设计中应该保持这些房间的空间比例关系，并且重视房间高度在整体设计中的地位。由于时间限制，第一个作业的过程基本是一个利用储存在学生记忆中的专业资料进行操作的设计。无意中，最熟悉的案例在第一时间浮现出来。这种设计思路往往自发地成为主导设计方法。

2.案例搬用的作业要求学生采用一个可以借鉴的建筑在基地环境中存在方式的例子与一个可以借鉴的建筑室内空间及剖面关系的例子，明确或抽象出借鉴的地方，在调整后，直接放入基地。第二个作业要求同学使用新的案例，并以直接搬用的极端要求，将无意识使用案例的状态变成不断从历史、现状、文献和作品中获得源泉的进步状态。

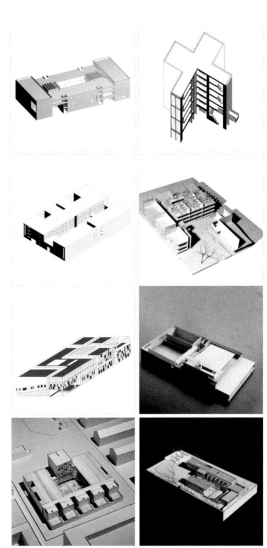

3.选择本大组设计方案的另一个方案进行修改和深化。引进新的案例对设计进行改进，对案例进行深入的分析。第三个作业的目的是使学生通过实际工作理解初步构思，推进以及大幅度调整设计方案之间的关系，进而获得对构思的新认识。

4.增大作业尺度使设计深化，要求学生对图纸的表达进行讨论，各个组根据之前作业的情况选择原来的方案或者交换方案进行深化，完成红线内所有区域的设计。必要时，场地设计可以超过红线范围，平面、立面和剖面的图纸表达方式和表达深度是十分多样的。不同的表达满足了不同的构思展示要求。本设计中要求寻找五种以上不同图纸的表达方式，说明每一种表达的用意和实际效果，选择一种表达自己的设计。

2004 级学生：王颖　石桥　陶涛　许迎　王燕　夏珩　张馨　朱博
肖明慧　钟冠球　彭伟轩　王新宇　林晓妍
2005 级学生：张林　邹丰　王志强　张映颀　王珏　彭嬙　史文娟
陈亚君　裘俊　蔡伟森　古久阳　胡巍　孔锐　侯博文

01 校园研究所设计 2004
Campus Research Institute Design

学生：石桥 陶涛

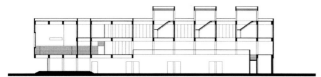

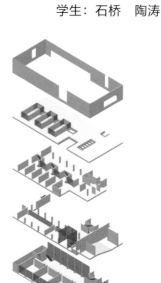

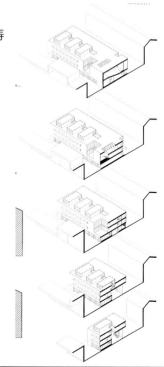

DESIGN BASICS 校园研究所设计

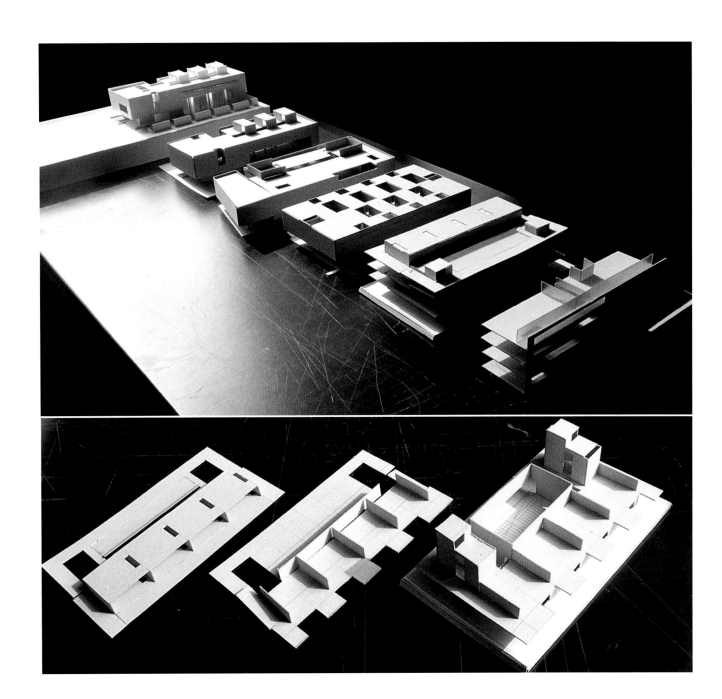

02校园研究所设计 2004
Campus Research Institute Design 学生：孔锐　侯博文

方案生成

　　复杂的功能需求使得在设计过程中，建筑的功能始终被优先考虑，"两分"的方案随之出现：通过水平或者垂直方向上的分离，解决"内与外"的问题；在平面上，在使用方式和建筑结构等方面区别于其他功能房间的讲堂、图书资料室、咖啡厅从主体中分离。随后，考虑到场地的因素，设计出北侧入口的院子；在剖面上，研究所内部和公共教室分离，一层为公共教室，三层到五层将上述两部分区分并且联系起来。

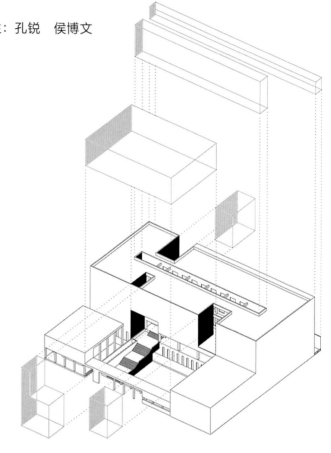

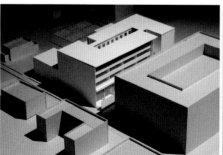

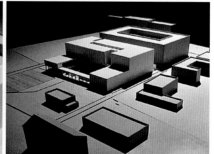

一层平面图

二层平面图

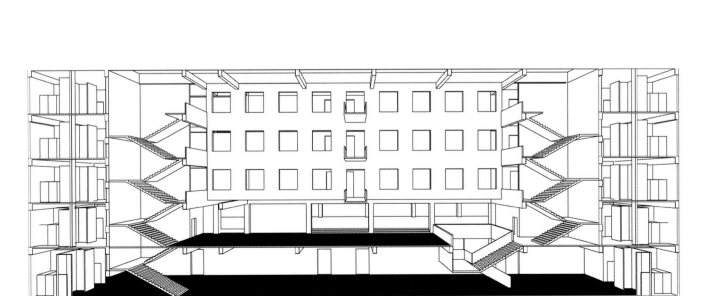

创作基地
The Institute Design

指导老师：张雷

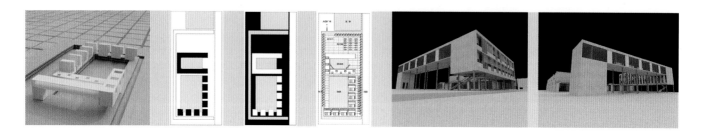

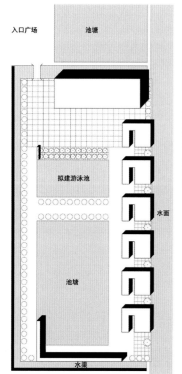

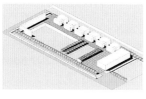

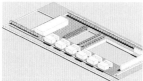

在对总体基地的分析中，俱乐部围绕游泳池形成了"U形体量，在空间中盘旋上升，成为整块基地的门户，单体设计基于以上条件深入研究空间材料"与"建造"的空间联系。

教学目的

课程从"空间""场所"与"建造"等基本的建筑问题出发，要求学生通过对可用于艺术设计及文学创作目的的郊外工作基地这一设计课题的选择，从建筑与基地、空间与活动、材料与实施等关系入手，探讨设计的组成要素之间内在的关联，并着重对空间构成方式的研究，达到对建筑设计过程与设计方法的基本认识与理解。

功能分布

A.限定场所：通过俱乐部及创作工作室在基地上总体关系的研究，创造积极的社区场所。

B.组织空间：分别以俱乐部和创作工作室作为研究对象，空间组织方式的研究是这一阶段的工作重点。

C.构筑细节：对材料的特性、连接方式以及与空间的关系进行研究。

D.设计表达：表达是设计的一部分，是对建筑问题及展示空间的理解。

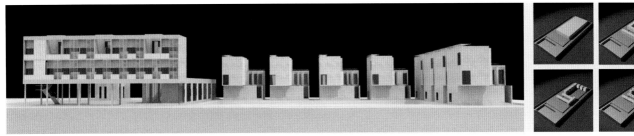

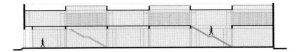

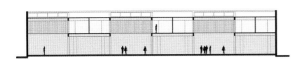

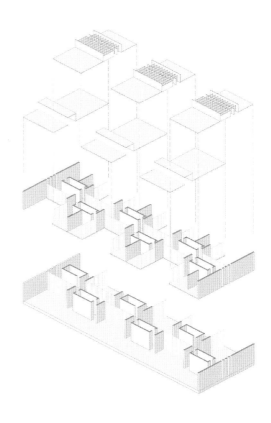

材料加入

材料的加入是使之前的空间组织关系得到进一步强化，材料和结构的逻辑性来自空间的逻辑性。混凝土的加入使工作室增加了体量上的厚重感，使其增加了民居式的封闭性，增强了外部与内部空间的划分与逻辑性。而用温暖和富于质感的木材来定义较私密的起居和居住空间，加强了内部空间的逻辑性。透明玻璃的加入也使内外交融的空间得以实现。

单元组合

生成的单体在既定形体中进行组合，从而形成场所的围合。单体之间、单体与场所之间均构成不同的空间，各种材料的加入及其同一性暗示出每个单体是由整体分割而来的，也增加了整个形体生成的逻辑性。

构造与建造

最后绘出剖面大样，具体了解材料的交接关系及细部构造方式，更进一步了解材料构造与空间的关系。

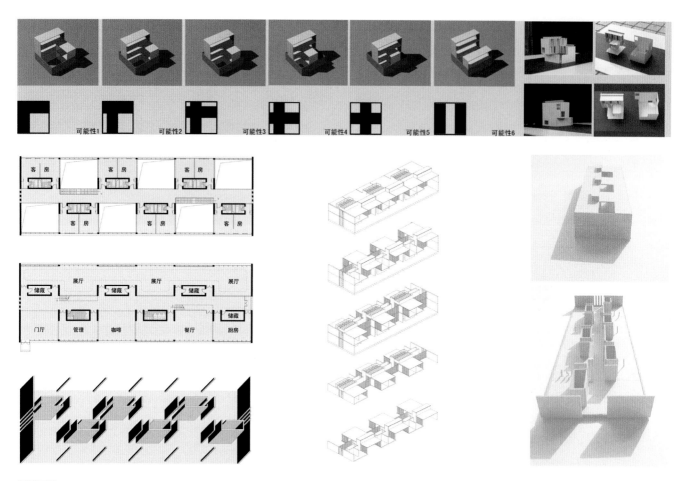

可能性1　　　可能性2　　　可能性3　　　可能性4　　　可能性5　　　可能性6

设计要求

　　"空间""材料"和"建造"是这一阶段的重点, 创作工作室在总体形体所限定的单元立方体上再进一步地限定。此阶段仍只允许用方形去限定组织空间。

民居分析

　　创作工作室的设计是以民居分析为基础开始的。中国自古以来盖房子均是在自然环境中先分内外, 即划分出内部与外部空间, 在形成的内部空间中展开家庭生活 (家一居住空间, 庭一院子)。院子是中心, 院子不但承托物质性需要, 而且也承托精神方面的需要, 同时院子也是连接天地, 与自然接触的空间。

空间组织

　　工作室的设计以工作室的可能性研究为基础, 主要探讨实体居住空间与虚空院落空间的各种关系。空间的组织方式仍是本阶段的研究重点, 以卫生间、厨房和私密房间等固定不变的空间在整个形体中的划分来组织空间, 在得到空间的组织方式的同时也就确定了结构及材料的可能性。

墙身详图

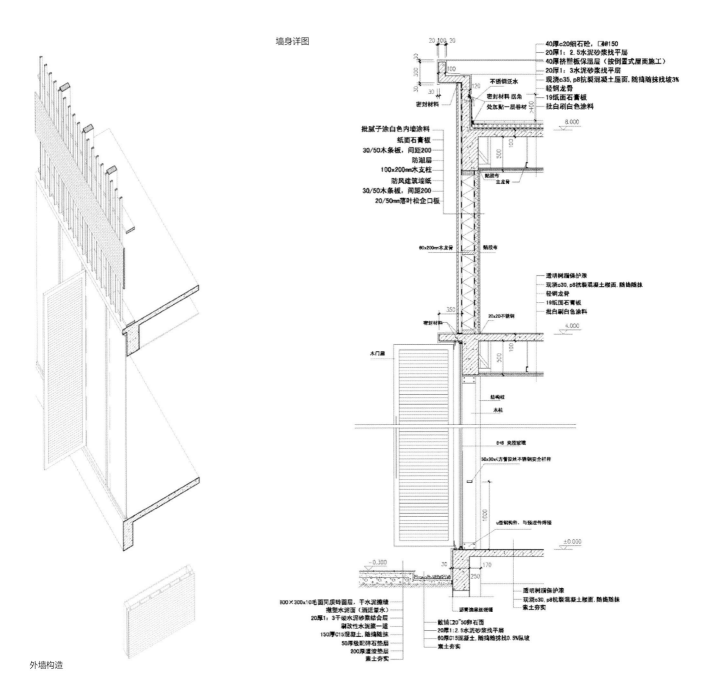

外墙构造

SOHO 工作室设计
SOHO Studio Design

指导老师：吉国华

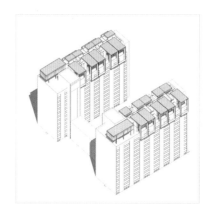

教学目的

　　课程从"功能/空间""基地/场所"与"材料/建造"等基本的建筑问题出发，通过对SOHO工作室这一设计课题的研究，从内与外、公共性与私密性、单元与组合等关系入手，探讨SOHO这种新的居住工作方式与新的空间营造之间的互动关系。同时，教师将设计课题设定为一种加建过程，意图引导学生对设计过程之中的限定与自由进行探讨，最终通过这一课题的训练，使学生对建筑设计与设计方法形成基本的认识与理解。

研究主题　空间 / 场所 / 建造

设计任务

第一阶段：学生按照给定的基于功能的体块，研究工作室单元的功能与空间构成，继而研究单元组合方式对单元和公共空间的影响，然后结合基地情况，调整单元的尺寸，并要求不破坏原有的日照条件。

第二阶段：在明确功能的前提下，学生需研究各空间的尺度和空间的关系，通过空间结构模型的水平和垂直限定要素探讨空间的属性。平面图、剖面图是这个阶段把握尺度的

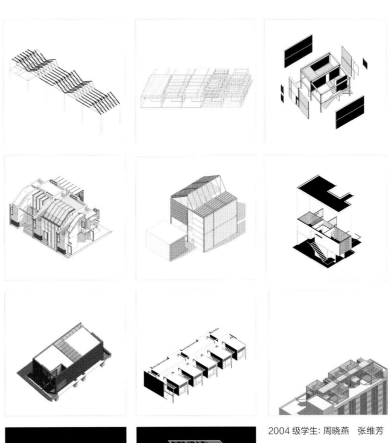

重要工具。

第三阶段：支撑体系的屋顶结构造型形成了建筑形式的转换。学生根据形式和空间特性选择合适的材料与构造是训练的主题。模型、立面图以及构造大样图是这一阶段工作的主要工具。

第四阶段：在剩余基地上设计一个小型聚会空间。学生自己安排功能，自主创造空间与形式，此阶段是对前面所学知识与技能的综合运用。

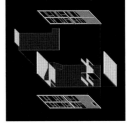

2004 级学生：周晓燕　张维芳
赵家玉　徐艳　邢晓莉　王佳成
靳铭宇　方霞　唐晓新　郑辰阳
王佳成　张斌　孙旻　张宁
2005 级学生：陈永乐　蒋立
何炽立　刘慧杰　郑雪霆　罗丹青
鲁巍　罗辉　吴克锁　彭梅
王蕾蕾　王旺　范骁

第一阶段

根据所给不同尺寸的构件制作实体模型，不同的构件表示了不同的功能与空间，本阶段要求在限定范围内研究其可能的空间组合方式。

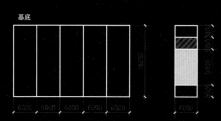

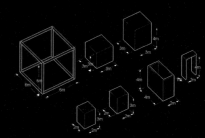

第二阶段

查阅与SOHO相关的资料，了解到这一新的生活方式给人们带来方便的同时又产生了相应的不利因素，同时也增加了设计的难度。

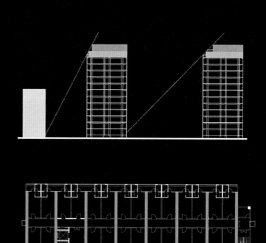

第三阶段

SOHO单元的研究结合了前期的研究做了设计，同时基地调研的成果使设计方案得到进一步深化，建筑的剖面也逐渐形成了。

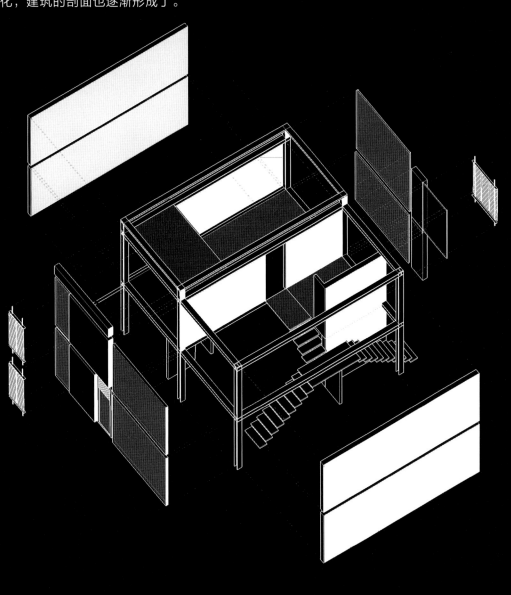

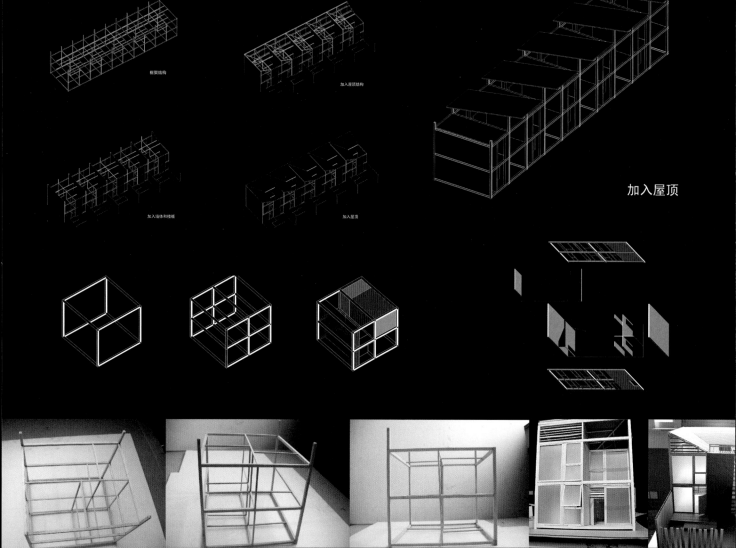

框架结构

加入屋顶结构

加入墙体和楼板

加入屋顶

加入屋顶

02 SOHO 工作室设计 2004
SOHO Studio Design

学生：张宁　张斌

这个故事，琐碎无趣，但这就是生活。

　　清晨，有人陆续醒来，也有人陆续睡去。一般在下午三点到凌晨，大多数人都是清醒的。S总总是喜欢在零点以后入睡，上午十点醒来，起床后，刷牙洗脸，再从冰箱里取出些吃的。他照例打开电脑，播放音乐，音乐就像一张安全而舒适的网，从醒来一直开着直到睡去。

几个空间

1.读书的空间。有张躺椅，有大片的玻璃窗，有从天井投射过来的光线。有时S总也会在这里画画。这个地方虽然是公共区域，却极少有人来人往。渴的时候很方便地就可以喝水，有时，他也和朋友在这里喝酒聊天。他将门推到一边，风就像用手触摸着脸颊，他走向天井，眼光飘向远方。

2.做设计的空间。做设计是什么状态，大概每个人都不大一样，S喜欢一个温暖的小地方，安安静静无人打扰，有音乐，可以连续工作。

3.用作画图的空间。画图是一件愉快的事情，同样是创作，画图与做设计的状态完全不一样，这是一种大家一起工作的状态。

两个矛盾

1.同样是工作空间，做设计时需要兼顾私密空间与公共区域，如何解决这个矛盾？

2.卫生间与生活的私密性密切相关，因此它要与卧室靠近。以什么样的方式接近？而工作同样需要卫生设施，如何解决？

PHASE-1　Program

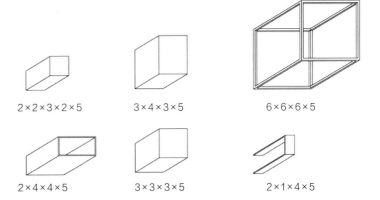

2×2×3×2×5　　　3×4×3×5　　　6×6×6×5

2×4×4×5　　　3×3×3×5　　　2×1×4×5

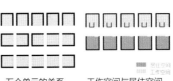

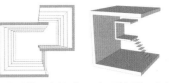

五个单元的关系　　工作空间与居住空间　　公共区域与私密空间在　两种不同性质的工作空
　　　　　　　　　　　　　　　　　　　　剖面上的划分　　　　间

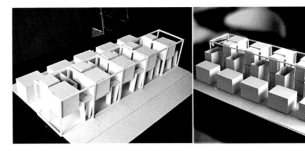

PHASE-2 The Developing of Living Units

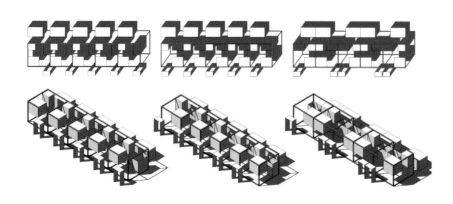
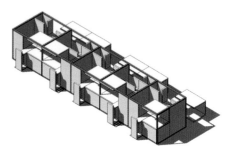

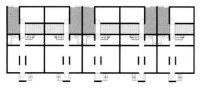
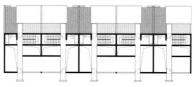
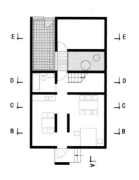
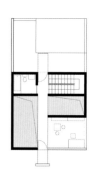

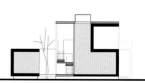

PHASE-3 Constructure & Tectonic

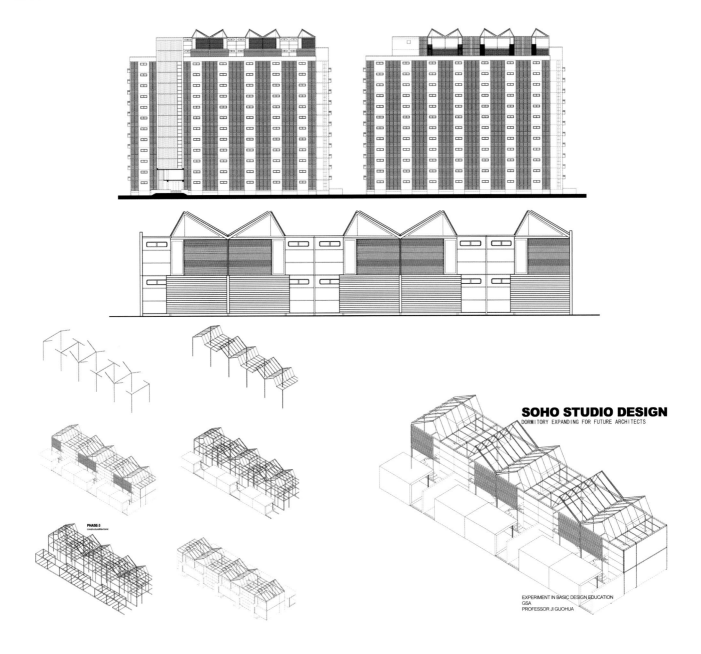

SOHO STUDIO DESIGN
DORMITORY EXPANDING FOR FUTURE ARCHITECTS

EXPERIMENT IN BASIC DESIGN EDUCATION
GSA
PROFESSOR JI GUOHUA

03 SOHO 工作室设计 2005
SOHO Studio Design

学生：陈永乐　范骁

　　SOHO是一种集办公与居住于一体的家庭办公生活方式，作为建筑系学生使用的SOHO，由于其特殊的学科性质，我们希望在保证私密性的前提下，空间能具有一定的容量和混杂性，为这里的学生工作和交流提供可能性。所以，我们设想将私密的居住空间集中布置，独立于其他空间；其余空间则相对自由，半公共的公共空间和公共的交流空间穿插布置，融为一体，营造一个充满各种可能性的活动平台。

　　作为一个加建设计，加建结构与现有结构的相互关系是设计概念的另一个出发点。我们选择以钢框架作为主体结构，整体地"坐"在下层钢筋混凝土结构的主梁下；卧室部分的箱体结构则通过钢索悬挂于主体结构之上；两个结构所围合的剩下的空间则为工作空间与公共空间。这样，半公共的工作空间与公共的交流空间的组织塑造就获得了极大的自由度，使空间的穿插与流动成为可能。

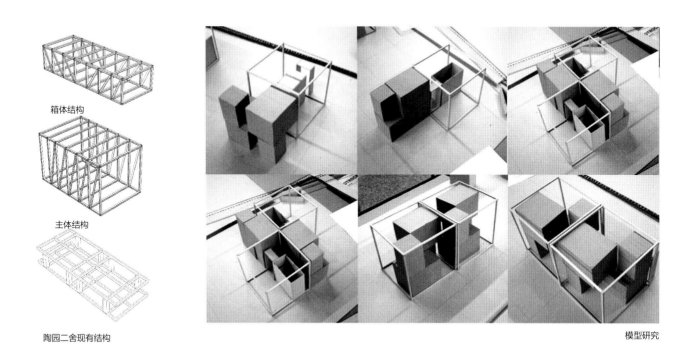

箱体结构

主体结构

陶园二舍现有结构

模型研究

在材料上，居住空间使用密实的木材包装；工作空间与交流空间使用半透明二点聚碳酸酯板材分隔；整个建筑坐落于一个木板铺就的大平台上。设计者希望通过对不同属性的材料的使用暗示出空间的功能与属性，将设计概念贯穿始终。

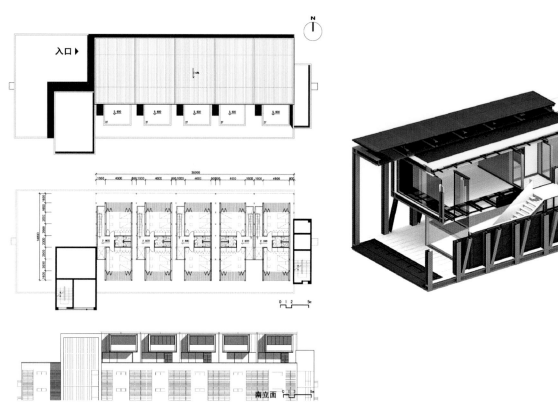

单元构造剖面

南立面

1.16m 不锈钢板〈聚氮嗮涂层表面〉

2.16m 木板

3.18m 层压木板

4.半透明聚碳酸酯板（加紫外线防护层）

5.40—50m 矿棉保温层

6.荧光灯管

7.6mm 和 8mm 玻璃间的 12—16m 的中空

8.PVC 防水层

9.200×200m 工字钢

10.双层玻璃的铝合金推拉门

11.16m 安全玻璃固定栏杆、2×8m 浮法玻璃

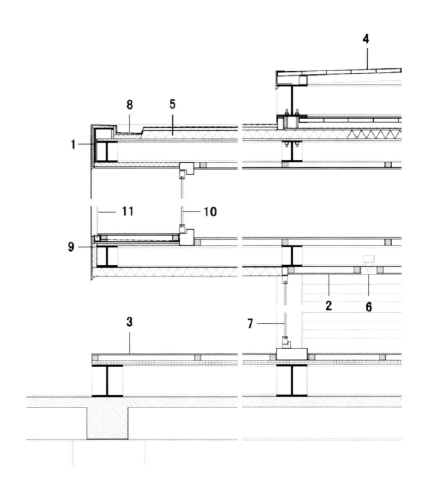

拆·建
Construction and Demolition

指导教师：张雷

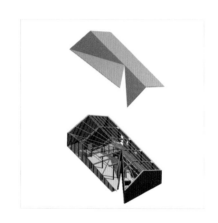

设计内容

将150m² 的平房拆建或改造成相同规模的艺术家会所

教学目的

  课程从"空间""场所"与"建造"等基本的建筑问题出发，要求学生通过对一处遗留厂房内一层平房的拆建，从建筑与基础、空间与活动、材料与实施等关系入手，将对问题的分析理解与专业化的表达相结合，达到对建筑设计过程与设计方法的基本认识与理解。

研究主题

空间构成/材料的建造逻辑/拆建中合理的材料与施工方式选择

教学过程

1.了解基地：参观并分析基地。

2.拆建材料：在南京选择一处拆迁地进行调研，研究建造方式和材料的再利用。

3.组织空间：构思、讨论，形成初步解决方案。

4.设计研究与表达：进行分部研究并完成设计文件，图纸表达总体要求达到初步设计深度，局部大样达到施工图深度。

2005 级学生：刁炜　惠逸帆
雷持平　李辉　葛宁　刘俊
马文斌　秦晓霞　柳巍　尤伟
张昂　游少萍　袁中伟
2006 级学生：华正阳　李文涛
陈君健　陈维亮　陈曦　董书音
雷伟　李姝　孙新磊　王眹　王端
徐岩　叶林楠　周天邑

01 南京草场门建筑改造：艺术家会所设计 2005
Architecture Design Studio

学生：游少萍

设计构思

旧厂房的改造有着其经济性与文化性，因此设计者从原厂房的空间秩序和结构逻辑入手，挖掘其潜在价值。

由于艺术家会所并不限定于某一特定的艺术活动，任何形式的艺术活动都有可能在此进行，于是设计者使用了一组可移动的装置——500mm厚的木盒，木盒的移动和组合，使空间得到灵活的划分，形成不同的使用空间，满足不同的艺术活动，并且赋予木盒功能，使建筑内不再需要另外布置家具。

木屋架（砖木结构）是这个厂房的一大特色，于是设计者保留原有结构，通过原有结构与材料展现其空间，并在壁柱间添加了光带，与木屋架相对应且突出了木屋架，同时又暗示了装置的移动轨迹。而墙面和地面采用了同一种材质，形成连续的界面，强化了原有的空间序列。

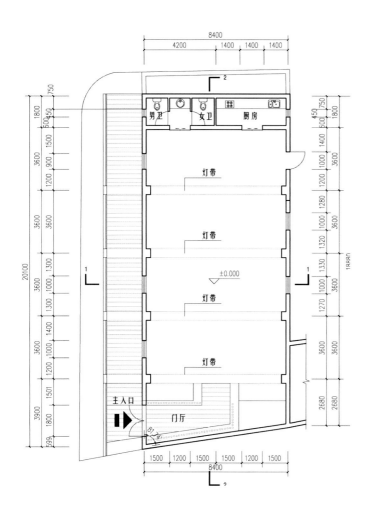

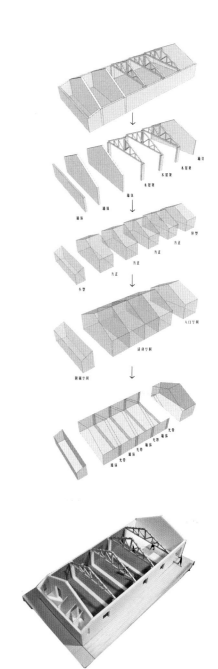

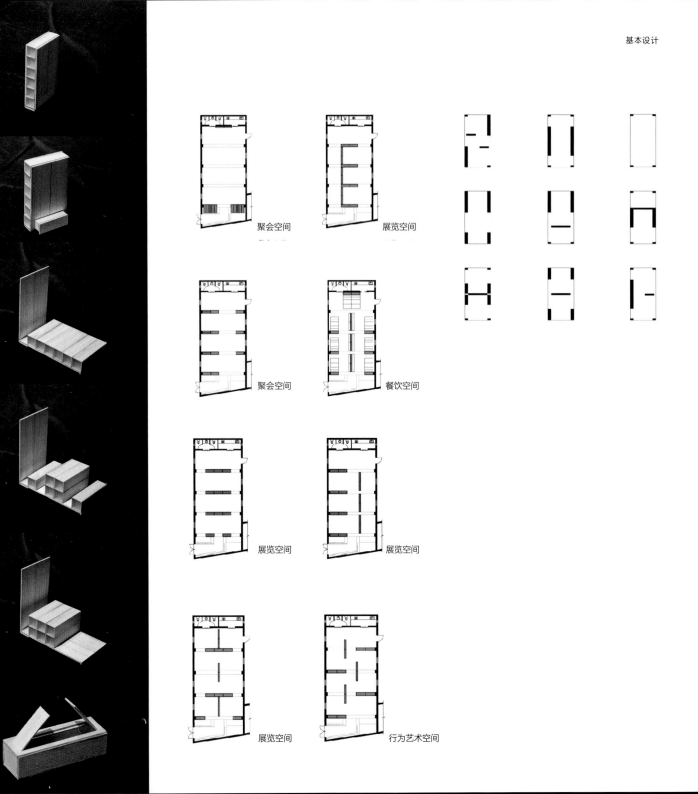

聚会空间

展览空间

聚会空间

餐饮空间

展览空间

展览空间

展览空间

行为艺术空间

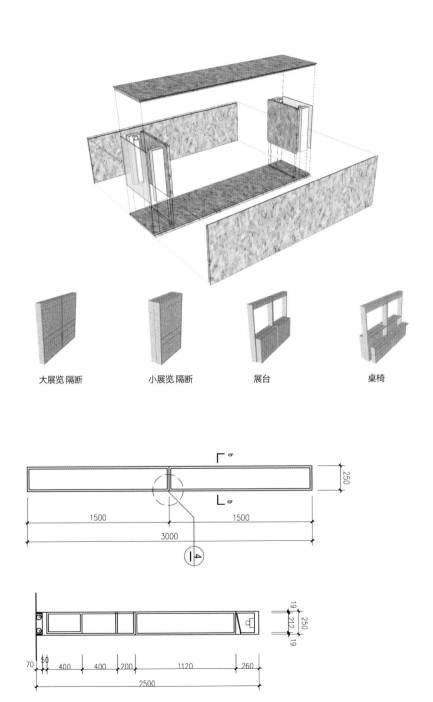
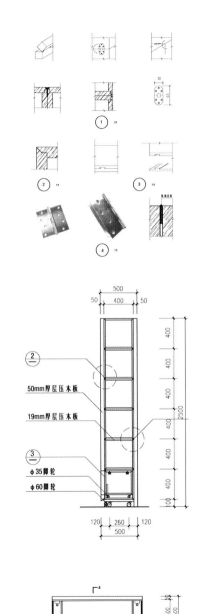

大展览 隔断   小展览 隔断   展台   桌椅

50mm厚层压木板
19mm厚层压木板
φ35脚轮
φ60脚轮

02 艺术家会所设计 2005
Architecture Design Studio

学生：张昂

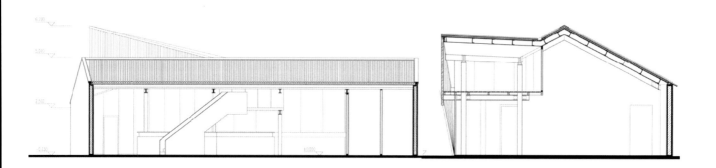

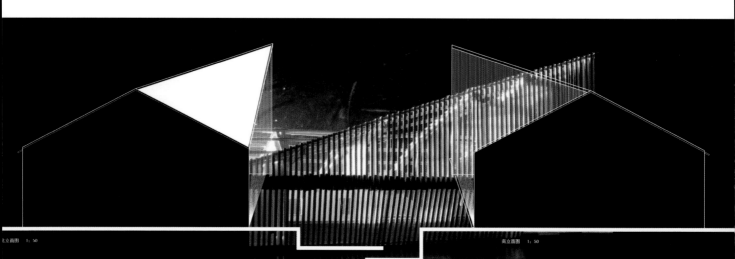

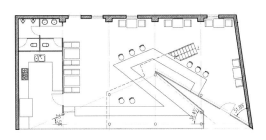

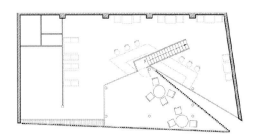

屋顶形式

屋架结构

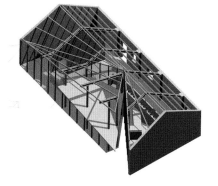

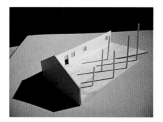

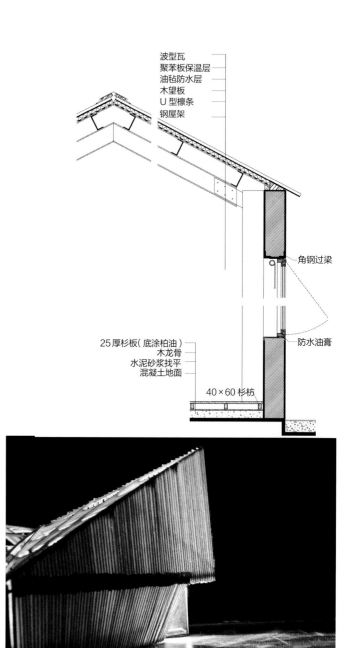

波型瓦
聚苯板保温层
油毡防水层
木望板
U 型檩条
钢屋架

角钢过梁

防水油膏

25 厚杉板（底涂柏油）
木龙骨
水泥砂浆找平
混凝土地面

40×60 杉枋

03废旧工厂改建 2005
Architecture Design Studio

学生：刘俊

设计构思

　　待改建的建筑为位于南京草场门一片废旧厂房中的一座一层的厂房，原建筑的价值在于材料的真实与结构的简单。改建方案的出发点是保持新增建筑与原有建筑之间的平衡点，正是基于这个概念，设计方案为在建筑的西南角加入一个方盒子作为入口，形成新与旧建筑在视觉上的对比。同时设计者将方盒子概念继续引入室内，分别作为展示空间和卫生间，三个方盒子在原有建筑中形成有意义的新空间，这正是方案深化的方向。

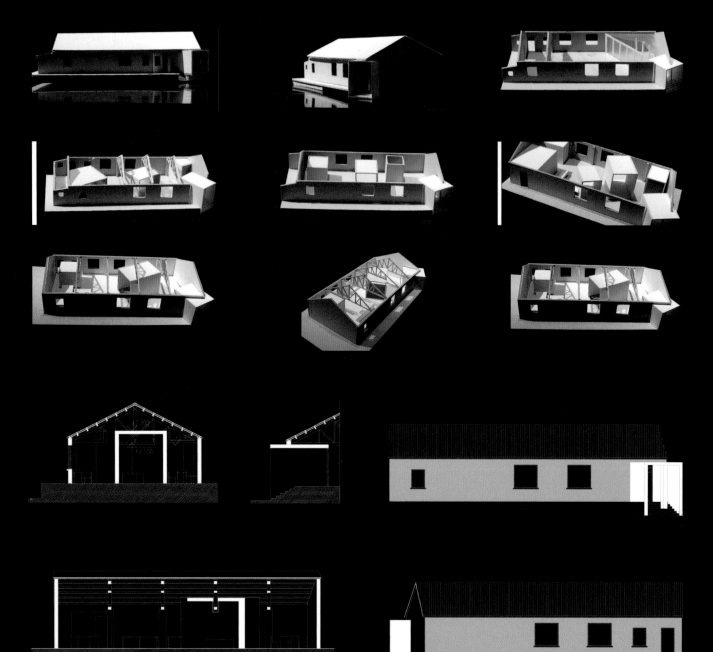

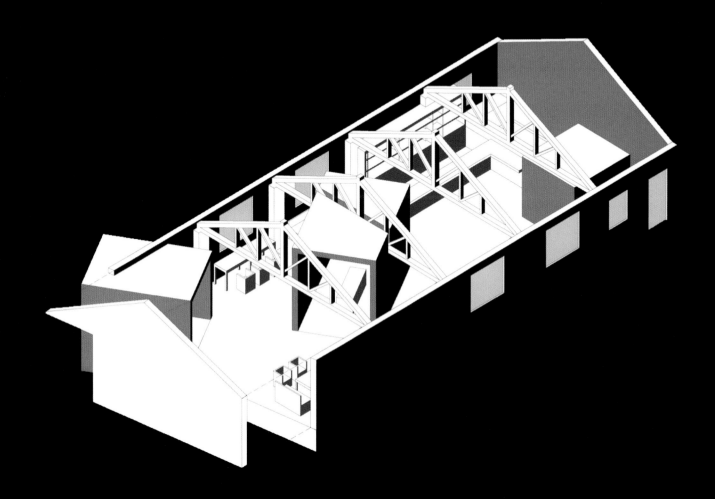

04 两个盒子之艺术馆 2006
Architecture Design Studio

学生：王昳

设计构思

对于拟建建筑同场地关系的期望结果：新建筑需要解决的问题——提供与建筑紧密联系的活动空间。

首先，需要提供一个为此建筑所用的公共活动空间，因而对此室外场地需要做出一定的限制；其次，因为功能和使用面积的要求，在建筑用地红线内留出空地的前提下，根据建筑限高的限制，需要对场地进行下挖。

由此自然地产生了一个解决多方面矛盾的下沉式庭院活动空间。此庭院不仅提供了活动场所，也为地下空间提供了采光和通风的可能性，同时亦可产生庭院内活动者和庭院外活动者相互之间的对话和互动的关系，为交流从空间属性上提供了更多的可能性。

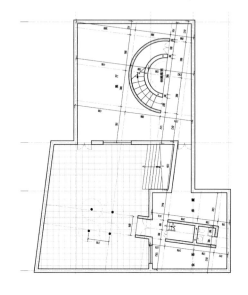

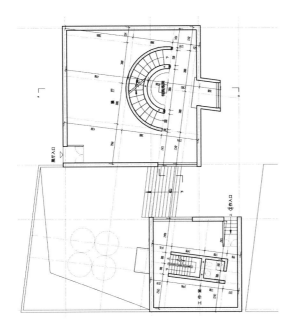

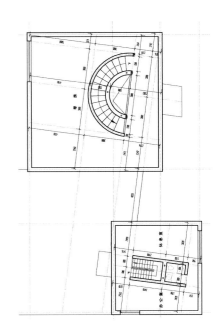

设计者在试图保留部分旧建筑的前提下进行设计，但是旧建筑的直接利用在空间形式和功能置换的可能性上都存在较大的问题。

下沉式的庭院空间将建筑的两个部分组织在一起，但是对称的几何形式容易给人有过强的控制欲的印象，把大建筑拆分为二最主要的目的就是通过二者位置关系上的巧妙组织产生递进围合感，让人有使用的愿望。

设计者放弃了原有的轴对称的几何形式，这样更有利于对庭院的围合，但是两个单独的体量之间的联系部分做得欠巧妙，导致二者关系不明确，且建筑本身和场地的呼应关系不够。

设计者对建筑的两个部分的位置关系做了进一步调整，并引入与场地北侧道路相呼应的一组网格，使整个建筑和基地的关系进一步加强，并在庭院中引入了具有标识性和趣味的植物。

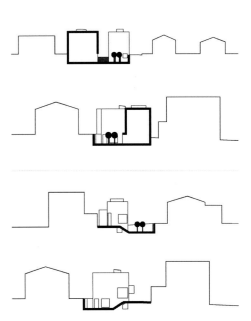

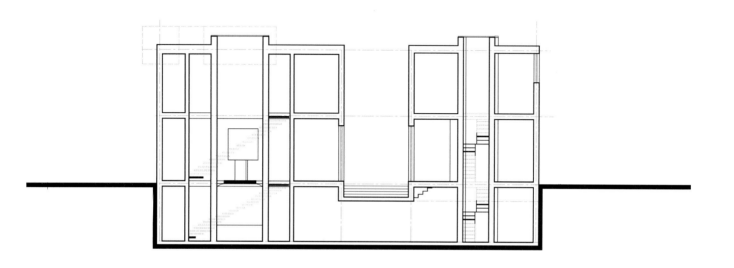

05 拆·建美术馆 2006
Architecture Design Studio

学生：叶林楠

设计构思

关于拆建：拆与建并非可逆的过程，拆除建筑的过程中，建筑及其各部分都趋向于零功能，原有形式的存在意义消失，同时提供了新的建造的可能性。

关于美术馆：建筑由原来的工业厂房转变为现代艺术馆，其功能由提供封闭的工业生产转变为开放的、多样的现代艺术活动。设计者因而选择开放原有的形态，加入新的公共空间的体量，产生新的功能和使用方式。

关于新形式：建筑及其各部分从适应新的功能及使用方式出发，产生了新的形式。

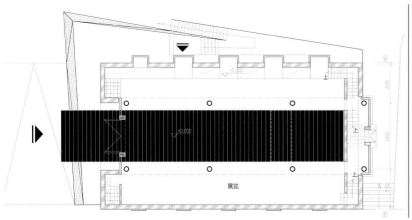

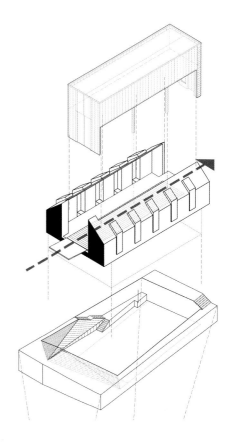

窗户

在新建后承担新的功能，适应建筑
功能的变化，产生新的形式。

展示

这个构筑物控制了展览大厅的体量：在
功能上相当于整个大厅的心脏。除了传
统的展示功能，它还有表演、媒体展示
等功能，与现代艺术活动相匹配。

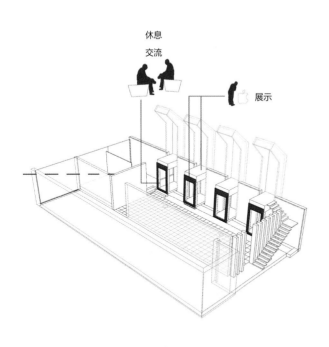

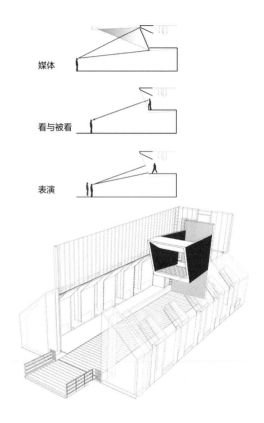

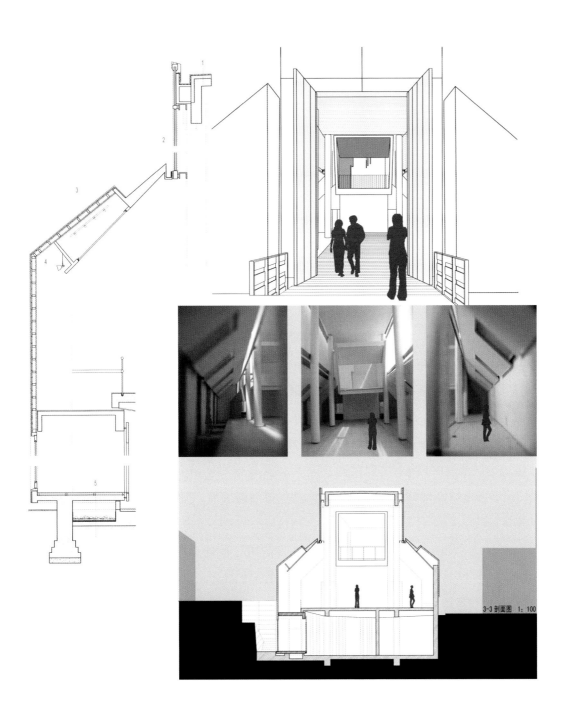

3-3 剖面图 1: 100

1. 保护层

防水卷材

水泥砂浆找平层

保温层

楼面板

2. 双层磨砂玻璃

3. 双层木板

表面附防水涂料

钢条支撑

单层木板

屋顶灯

玻璃盖板

4. 照明灯

5. 木地板

木隔栅

水泥砂浆

混凝土板

鹅卵石

水泥砂浆抹面

混凝土楼面板

垫层

素土夯实

东西向低层住宅设计
East-westward Low Story Housing Design

指导教师：吉国华

教学目的

    课程从"空间""场所"与"建造"等基本的建筑问题出发，要求学生通过对住宅这一设计课题的研究，从内与外、公共性与私密性、单元与组合等关系入手，探讨建筑设计的基本问题。通过这一课题的训练，达到对建筑设计过程、设计方法以及建筑设计一般性与特殊性的基本认识与理解。

设计内容

    设计要求在一块南北长120米、东西宽30米的基地上安排住宅单元，基地的入口位于北侧，学生需要根据基地和套型面积提出一种单元组合的策略。

研究主题

空间 / 场所 / 建造

第一阶段：住宅单元研究，即特定条件下（基地的东西向）的单元构成与组合，要求学生首先以抽象体积模型研究空间构成，然后以面模型具体研究单元与群体的空间形态，最后通过平、立、剖面图和工作模型进行住宅功能的细化设计。

第二阶段：根据上一阶段成果的各空间属性，针对性地研究立面处理方式与构造，首先建立一种策略来整体地处理外部形式，而后具体研究关键节点的构造问题。

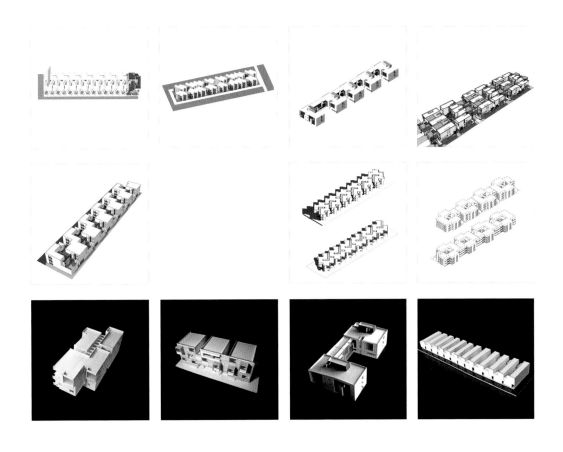

2006 级学生：陈晨　王洪跃　刘黎涛　罗翔　胡欣　钟思斯　金澜　吉晶　刘宏丽　李祺　孙久强　王峣　徐敏　朱晓冉

2007 级学生：范国杰　罗一江　岑伟红　宫亚楠　崔萌　王莹　丁浩　周晓璐　陆蕾　石贞民

01 东西向低层住宅设计 2006
Residential Design

学生：陈晨　王洪跃

CONCEPT　　**概念**
场地划分 组合划分 户型划分

PROGRAM　　**操作**
单元研究 单元组合 形体组合 立面设计 材料

EXPRESSION　　**表达**

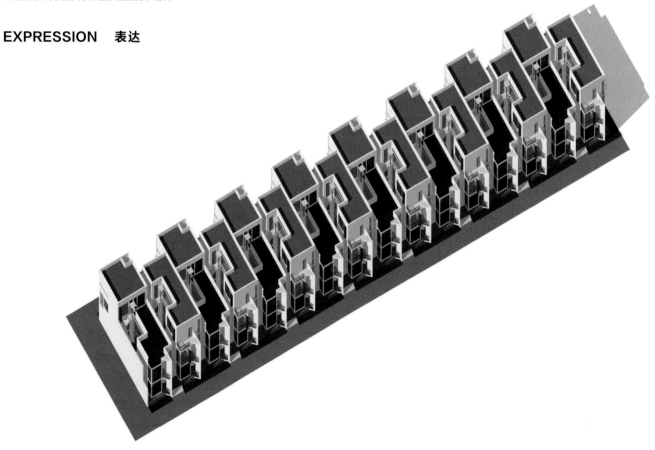

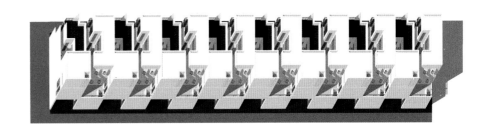

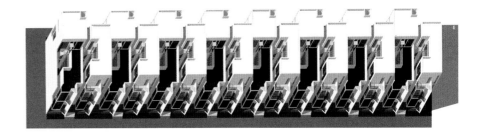

体积原型

抽空

添加

空间组合

内庭院

空间界面

 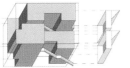

120 平方米户型单元

90 平方米户型单元

60 平方米户型单元

空间组合/The combined space

住宅套型面积分别为
25、85、120平方米
三种，其中90平米约
占50%，其它各25%

60平方米单元

建筑面积：xxx米
层高：米
户数：户

90平方米单元

建筑面积：xxx米
层高：米
户数：户

120平方米单元

建筑面积：xxx米
层高：米
户数：户

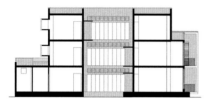
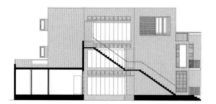
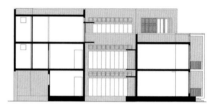

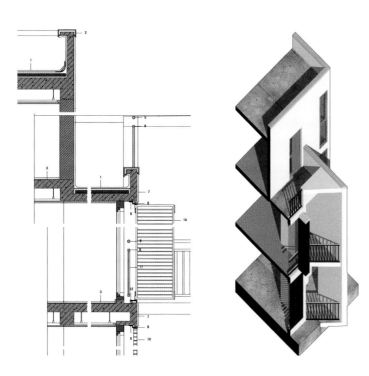

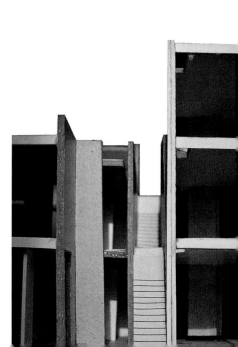

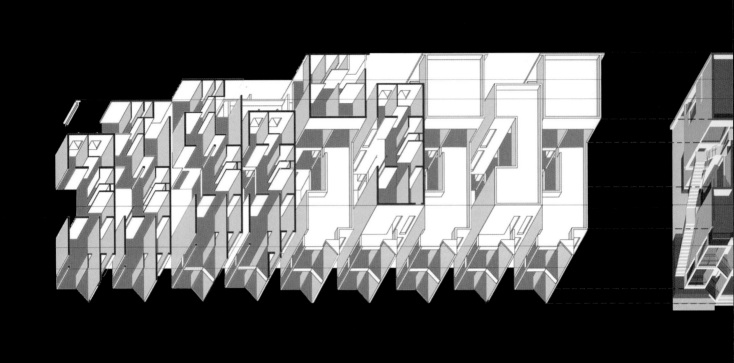

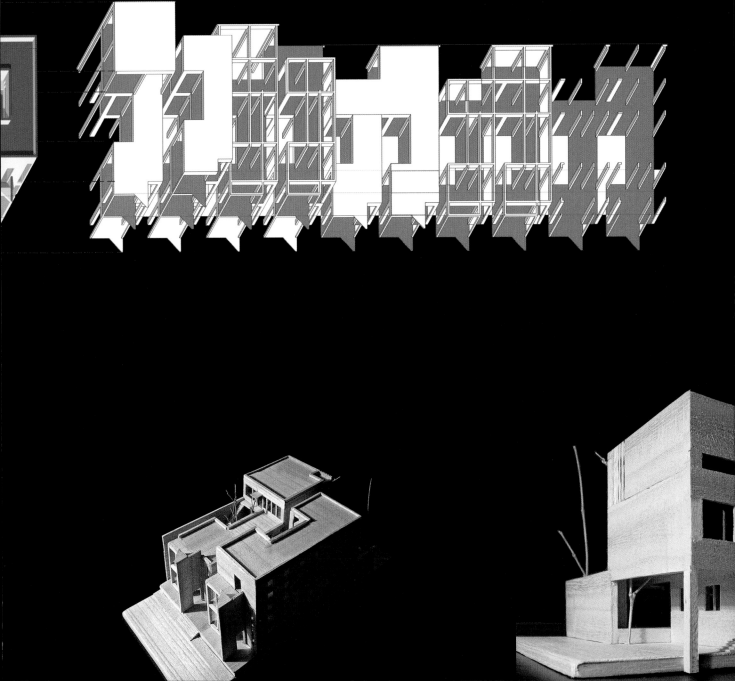

02 东西向低层住宅设计 2007
Residential Design

学生：范国杰　罗一江

策略

  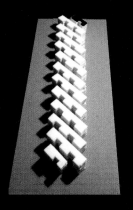 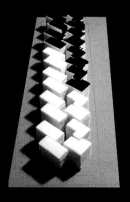

基地南北长度远大于东西长度，良好采光成为问题关键

对户型配比进行计算，对南北向采光的可能性进行探讨

寻找合适的采光朝向和交通组织方式，并保证户型配比不变

东南向与西南向房间采光属性具体明晰，对天井也进行了整合。

功能细化

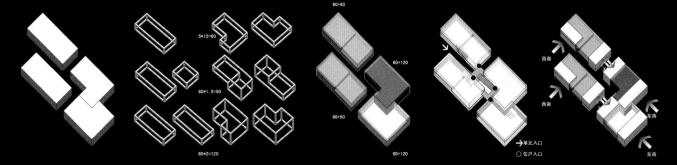

90+90

5*12=60

60*1.5=90

60+120

90+90

60+120

西南

西南

东南

东南

→单元入口
○住户入口

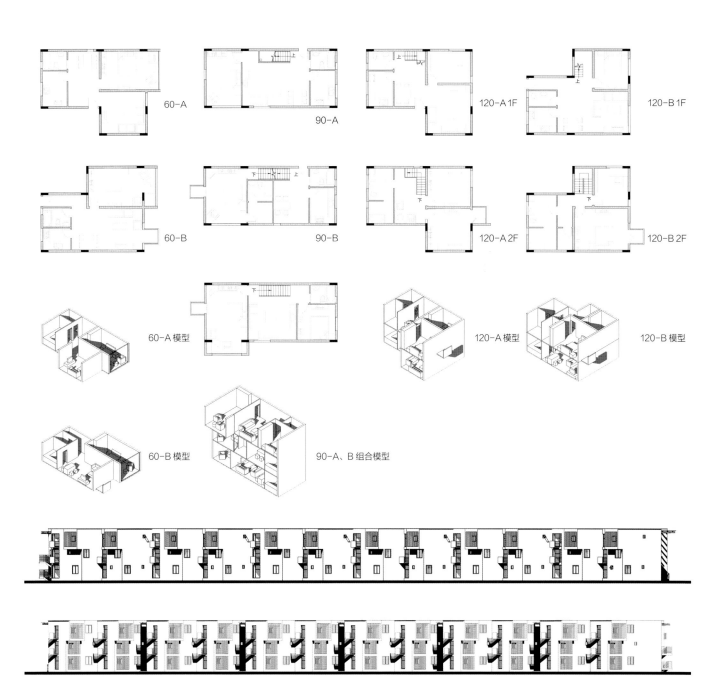

60-A

90-A

120-A 1F

120-B 1F

60-B

90-B

120-A 2F

120-B 2F

60-A 模型

120-A 模型

120-B 模型

60-B 模型

90-A、B 组合模型

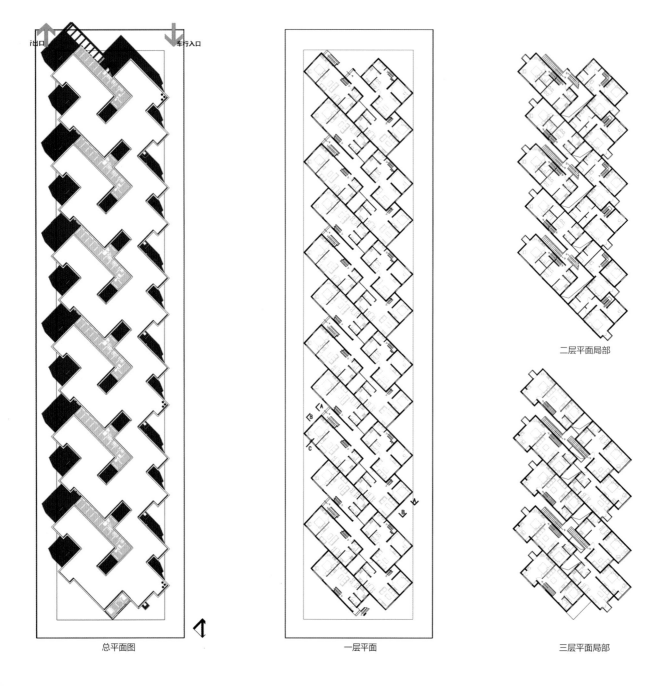

总平面图

一层平面

二层平面局部

三层平面局部

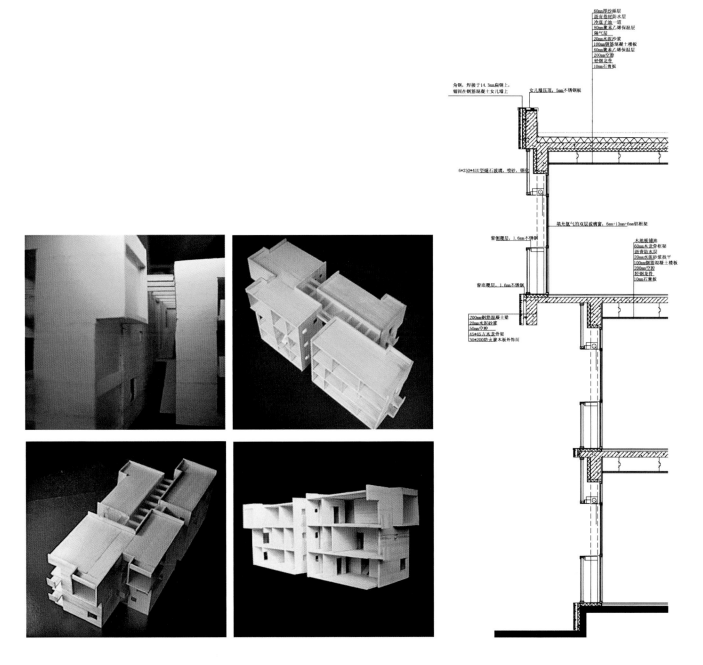

校园文艺馆设计
Design of the School's Hall of Literature and Art

指导教师：王方戟

设计任务

为提升校园人文气质，在校园重要位置设计一座文艺馆，对所有本校师生开放。

课程简介

本课程任务是设计具备文艺阅览室、排练厅、展览厅、珍品展示间、报告厅、多功能讨论室和咖啡厅等功能的校园文艺馆。

课程场地是南京大学北校园新教学楼所在的地块。这块场地的地位比较微妙，从总图上看，它位于校园重要轴线旁，与小礼堂正面相望，与东南楼和东大楼相毗邻，原有老建筑风格严谨，这使得建筑边界受到严格限制。基地靠东大楼南侧有一层楼高的高差，高坎与小礼堂前的校园中心草坪持平。如何使建筑与这块特殊场地的特质相匹配是课程的重要训练目标之一。通过对基地红线范围的控制，建筑被设定为不将场地占满的模式。具有室外展场、内外庭院、半围合院落或空地的建筑形制也是课程的主要讨论内容。

与2005年的课程相比，本次课程的复杂

程度有所增加。设计任务中包含了尺寸
非常悬殊的功能性空间。为了使建筑的
形式得到有效的控制，学生除了要处理
环境关系外，还要掌握对不同大小的空
间进行叠加和调配的技巧。

　　除此之外，建筑中的空间感、平面
秩序、人与建筑的确切关系等传统设计
问题依然被作为课程中的主要问题贯
穿于整个过程。

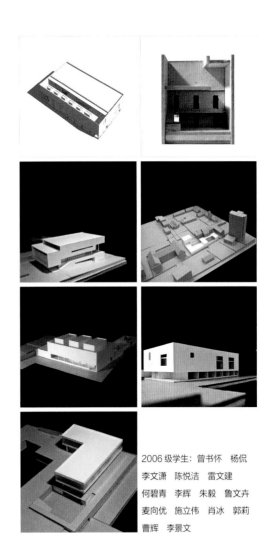

2006 级学生：曾书怀　杨侃
李文潇　陈悦洁　雷文建
何碧青　李辉　朱毅　鲁文卉
麦向优　施立伟　肖冰　郭莉
曹辉　李景文

01 校园文艺馆设计 2006
NJU Arts and Culture Center

学生：杨侃　曾书怀

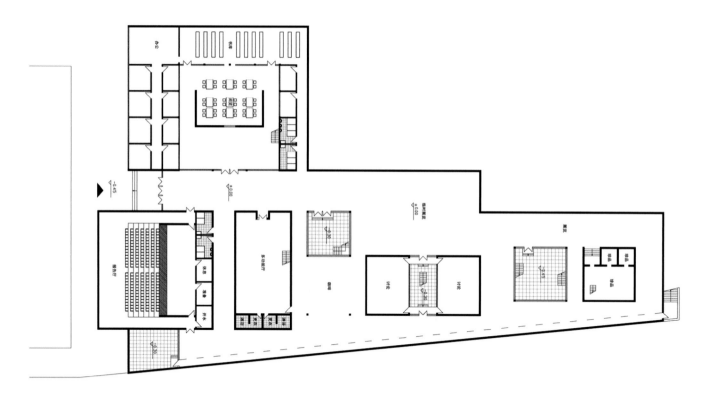

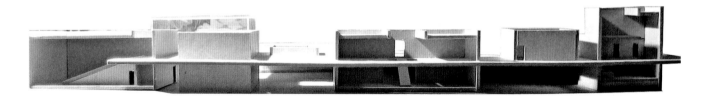

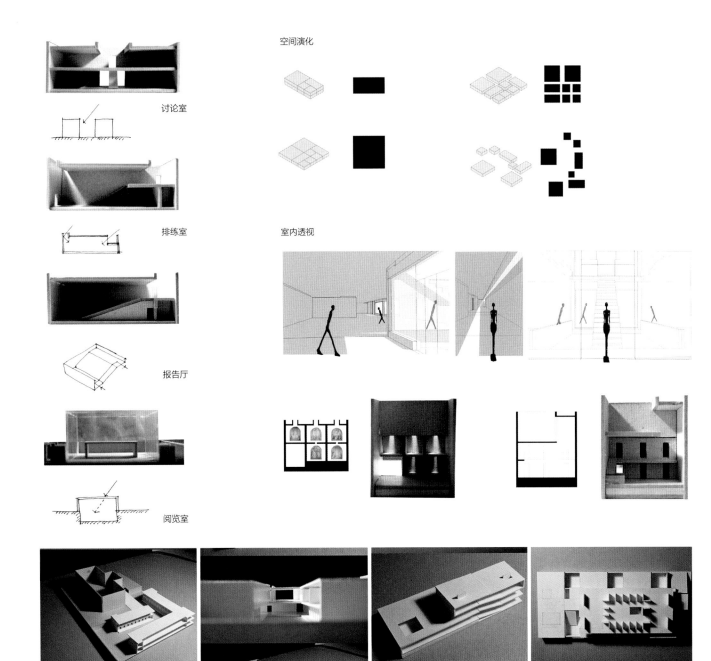

讨论室

排练室

报告厅

阅览室

空间演化

室内透视

建筑师的家和工作室
Home-Office of the Architect

指导教师：冯国安

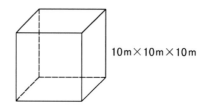

10m×10m×10m

教学目的

    课程从两个空间（自家和工作室）的定义、私密性、矛盾性、时间性等基本问题出发，从平面/剖面关系和比例、材料运用、景观布局等方面去设计一个建筑师生活和工作的混合场所。

研究主题

    居住空间定义、平面布局、剖面关系；工作空间定义、平面布局、剖面关系；居住、工作空间、景观的相互关系，空间使用和时间的关系。

基地

10×10×10m，虚构的基地，设计不得超过这个体量。

设计内容

整个设计分三部分：居住空间、工作空间、景观。

居住空间 90m²：主卧室20m²、次卧室16m²、客厅24m²、饭厅14m²、厨房10m²、卫生间6m²、室外阳台（不计入面积，按设计需要）

工作空间 50m²：工作空间（4人用）32m²、会议室（10人用）15m²、卫生间3m²、室外阳台（不计入面积，按设计需要）

景观（室外、屋顶）50m²：共用或两个空间平分（按设计需要）

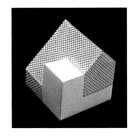

学生：张光伟　戚子鑫　陈斐　焦健　金鑫　石韦特　王俊　张文硕　杨鹤峰　庄悦　石韦特

01 建筑师的家和工作室 2007
Home-office of the Architect

学生：陈斐

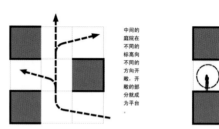

虚拟基地

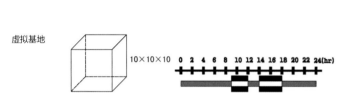

景观空间组织

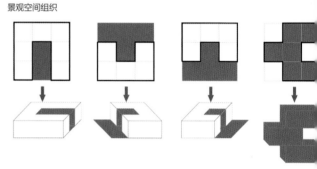

功能分区

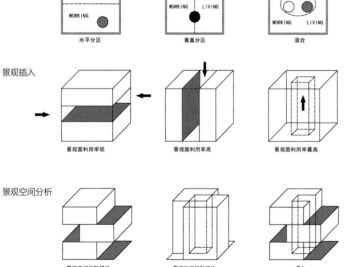

空间组织

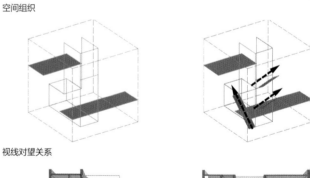

视线对望关系

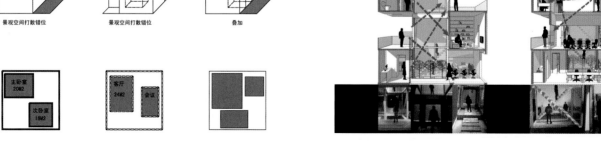

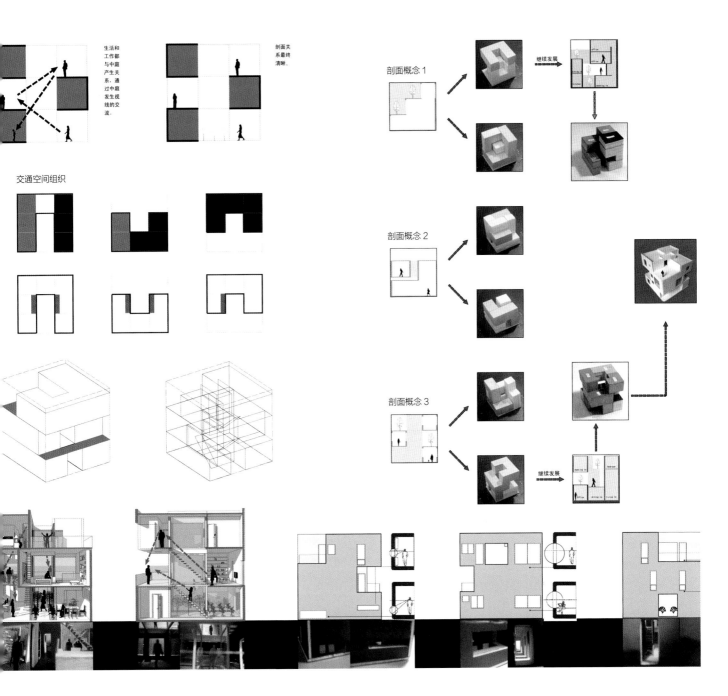

生活和工作都与中庭产生关系，通过中庭发生视线的交流。

剖面关系最终清晰。

交通空间组织

剖面概念 1

继续发展

剖面概念 2

剖面概念 3

继续发展

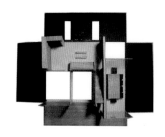

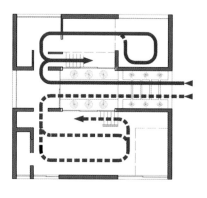
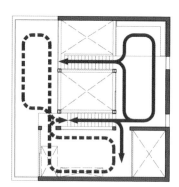
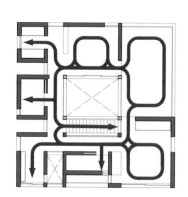
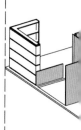

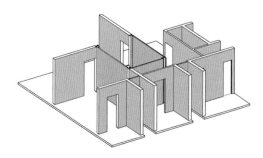
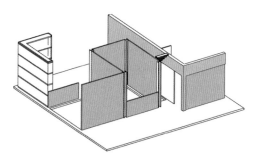

02 建筑师的家和工作室 2007
Home-office of the Architect

学生：张文硕

课题设计由提出剖面意向入手，进行了提出一选择一综合一解决一表达这一完整过程。课程的第一阶段，在案例研究的基础上，分别从包含、穿插、悬浮三个方向进行了剖面表达，Section 1—6分别为三种关系衍生出来的六组剖面示意。

Section 1—2：包含——工作生活环境层层嵌套，彼此渗透交融生长，拔地而起，错落有致，即大地上的生长物。

Section 3—5：穿插——生活与工作空间的穿插提供的副空间具有丰富的空间可能性，为环境提供天然生成的场所。

Section 6：试图制造两种空间既相互融合又彼此隔离的状态，使得生活空间高高在上而又疏离。两种空间之间并没有割裂，设计者只是想让观者看到空气中的漂浮物。

SECTION 的概念生成

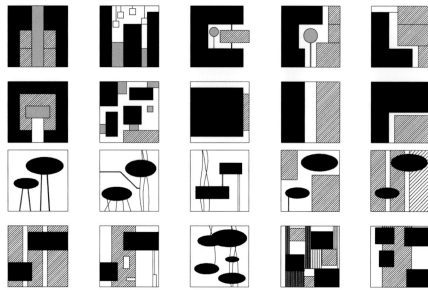

PLAN & ELEVATION 的概念生成

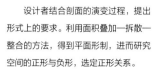

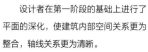

　　设计者结合剖面的演变过程，提出形式上的要求。利用面积叠加—拆散—整合的方法，得到平面形制，进而研究空间的正形与负形，选定正形关系。

　　设计者在第一阶段的基础上进行了平面的深化，使建筑内部空间关系更为整合，轴线关系更为清晰。

　　设计者在上两个阶段的基础上继续深入研究使用功能的问题，最终确定了核心承重。并且结合剖面和立面形制，使平面中的每一个空间都较为完整好用。

立面的演变过程

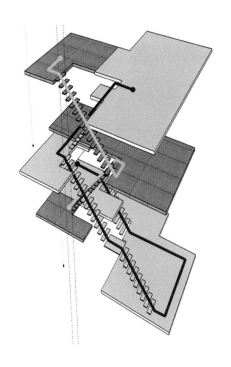

功能分配分析 FUNCTION ASSIGN ANALYSIS

1.25 ㎡	起居室 + 餐厅
2.15 ㎡	门厅 + 卫生间
3.29 ㎡	厨房
4.29 ㎡	建筑工作室
5.8 ㎡	藏书间
6.9 ㎡	BOSS 办公
7.25 ㎡	主卧室
8.14 ㎡	次卧室
9.15 ㎡	会议室

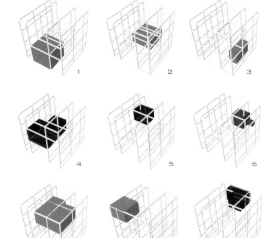

BOSS 房是所有功能空间的中枢，连接办公与生活两种不同的居住需求，空间得以贯通。

结构分析 STRUCTURE ANALYSIS

外表面材质分析 EPIDERAIS ANALYSIS

| 混凝土墙面抹灰 | 清水混凝土 | 清水混凝土 + 木材 | 加色混凝土 + 木材 | 木材贴面 | 红砖贴面 | 青砖贴面 |

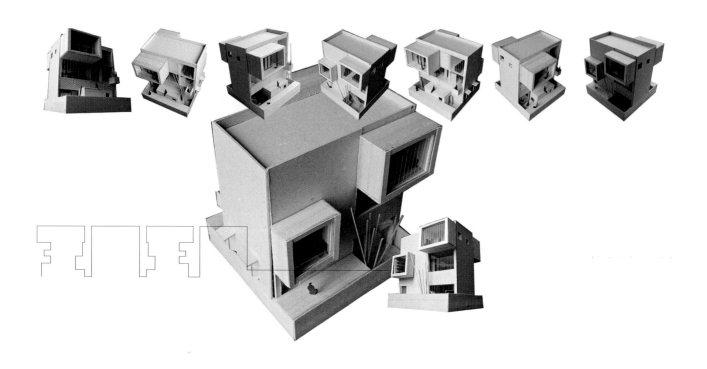

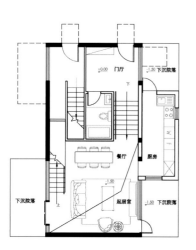

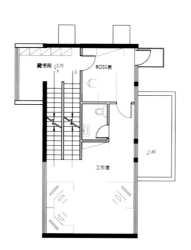

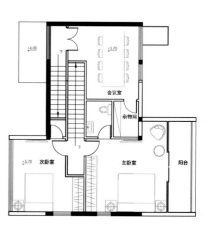

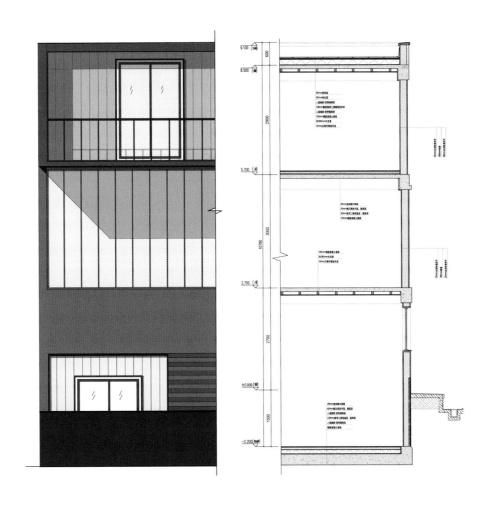

分析—重构
Analysis - Restructure

指导教师：张雷

教学目的

    课程从"环境""空间""场所"与"建造"等基本的建筑问题出发对南京市琅琊路民国建筑保护区内一幢在建项目做分析以及对其后的小住宅进行设计练习。学生从建筑与基地、空间与活动、材料与实施等关系入手，将问题的分析理解与专业化的表达相结合，以达到对建筑设计过程与设计方法的基本认识与理解。

研究主题

环境分析/空间构成/材料的建造逻辑

设计内容

分析已建项目，提出设计构想，完成技术表达

教学过程

1.了解基地：参观并分析基地，讨论并提交调研报告（A4纸）及基地模型（全组合作制作基地模型一个，比例1：500）。

2.分析实例：在了解基地环境的基础上，分析在建建筑，提出兴趣点并与其他案例进行比较分析。讨论并提交分析文本（A4纸）。

3.组织空间：构思、讨论，形成初步解决方案，以工作模型及草图表达。

4.设计研究与表达：进行分部研究并完成设计文件，图纸表达总体要求达到初步设计深度，局部大样达到施工图深度，并提交1：50以上的工作模型。

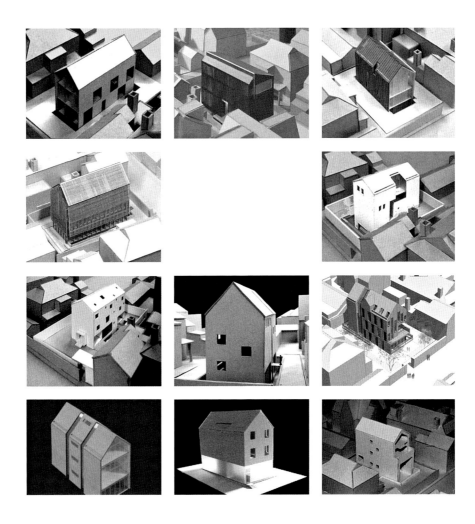

学生：黄育斌　金剑　李梦君　李田颖　钱刚　施水清　尚慧　杨力维　张璐　张文娟　赵哲

01 分析—重构 2007
Analysis-Restructure

学生：金剑

这次用于分析的小房子由张雷老师设计，无论是空间还是建造本身，都有很多新的设计与方法。

基地位于南京市琅琊路四号，处于民国保护区内。由于基地四周特别的规划要求，房子基地小，退线后更小，6×13平方米的方格，有限高，对屋顶形式也做出了要求。但就是在这么多条条框框内，在设计中做出了最丰富的变化。

空间分析

1 x 1m的网格

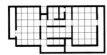

从 6×13m 的矩形方格开始，在此基础上做 1m 网格，继续划分空间到矩形结束，客厅与卧室 4×6m，楼梯 1.6×3m，厨房 4×6m……

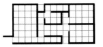

通过错层设计，最大程度地节省了交通空间，同时在立面上的两条缝已经极大地减轻了人在行进中的乏味感，空间利用几乎到了极致。

建造分析

模板尺度决定了窗户规格、内部装饰木条的宽度以及空间的尺度，让人觉得房子潜在的逻辑性非常连贯。而 5mm 的模板尺度的结果是在周边建筑用青砖的尺度上推敲出来的，取得了建筑与环境的协调。

双层模板现浇

内部仍然用大块木模，外部两层，5m 的木模板排在立面，如此，在浇筑过程中便留下了痕迹。

屋顶部分建造过程

面上加模板

四道山墙以及里面的剪力墙一道浇筑，包括排水沟在内。在屋面内侧现浇一部分，再在上面加保温层，而后在外面放上预制混凝土板，最后在外面加上模板。

保温板

预制混凝土板

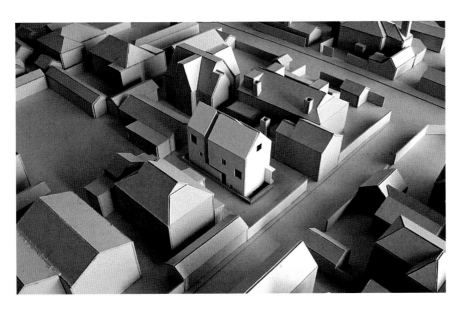

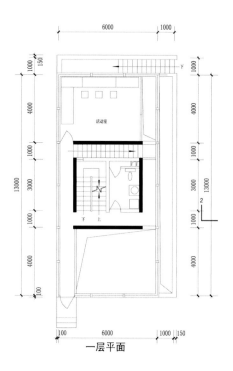

一层平面

本次设计的出发点就是在正常的使用条件下保持四个界面的完整性和秩序性。所以在设计刚开始的时候就确定了整体的体量，在窗户的构造上做文章。同时由于规划条件的限制，必须把一个整体的庭院分割成四部分，因此在底层做了磨砂玻璃组成的落地窗，将底层庭院景色和光线引入底层的活动室和通高的客厅，无形中扩大了底层的面积。

设计采用了剪力墙结构，由一个筒形结构来出挑楼板，使四个界面更加灵活。在窗户的构造上，利用一扇推拉木窗板来实现窗户及整个界面的开和闭，其中更加重要的就是思考如何在建造上实现它。

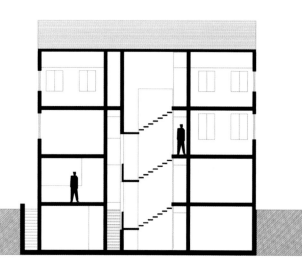

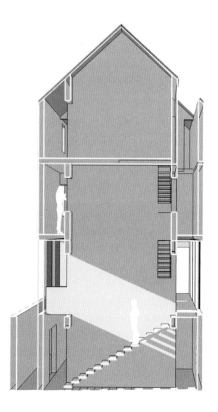

02 分析—重构 2007
Analysis-Restructure

学生：施水清

平面模数

精确计算与定位

易于统一布置

布局紧凑

施工方便

分割和隔断

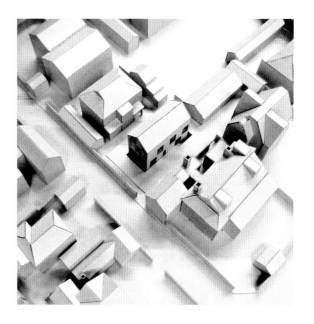

分区　　　　结构　　　　围合

单元网络的平面组织

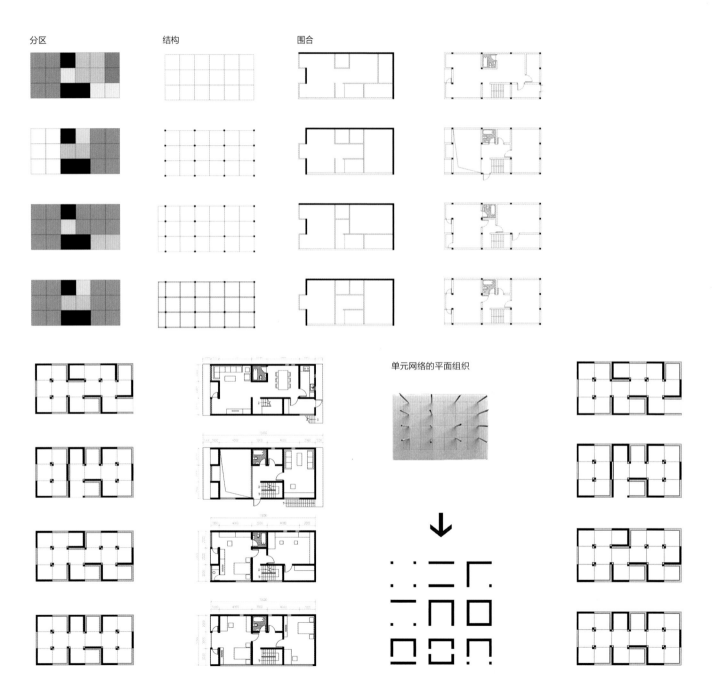

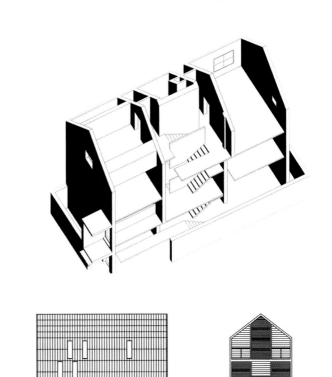

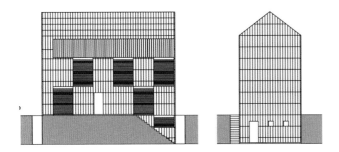

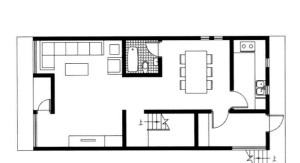

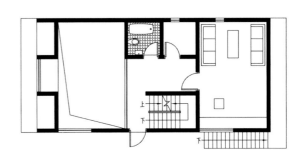

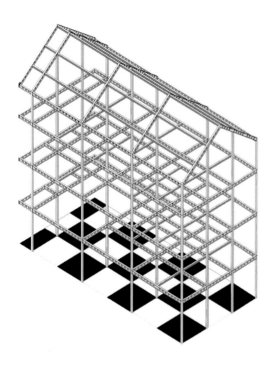

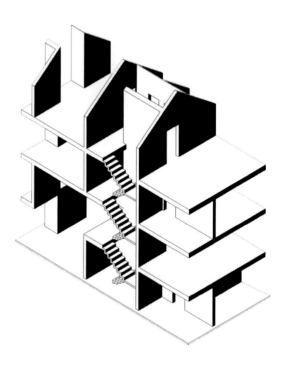

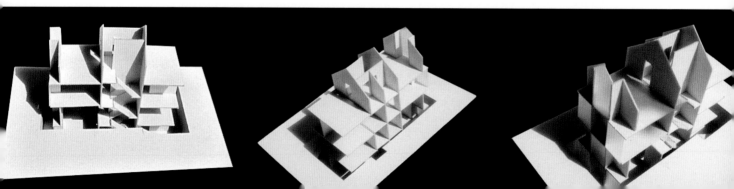

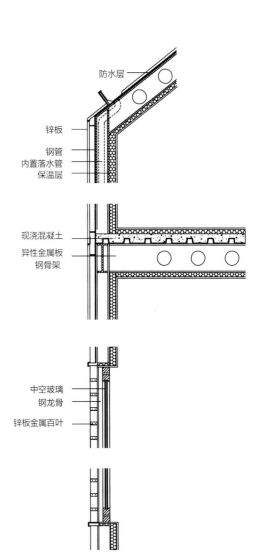

防水层

锌板
钢管
内置落水管
保温层

现浇混凝土
异性金属板
钢骨架

中空玻璃
钢龙骨

锌板金属百叶

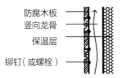

防腐木板
竖向龙骨
保温层
铆钉(或螺栓)

某设计院建筑创作空间扩建
Extension of the Work Space of a Design Institute

指导教师：傅筱

教学目的

　　课程从"空间""场所"与"建造"等建筑的基本问题出发，通过对某设计院的扩建，着重训练学生对建筑与场地、空间与行为、材料与建造等关系的认知，并达到对构造技术原理性的理解，从而加深对建筑设计过程与设计方法的基本认识。

研究主题

　　建筑形态与周边环境/空间构成与行为模式/构造技术原理与设计表达

设计内容

　　在原有设计院的北面扩建约3000平方米的建筑创作空间（包含建筑师个人工作室、集体创作室、模型制作空间）。

项目地点

南京东南大学四牌楼校区内

教学过程

第一阶段：调研分析场地，讨论并提交PPT分析文本（要求公共演示）及场地模型（全组一个，比例1∶300）。

第二阶段：了解构造原理与设计表达的关系，以"檐口的演变"为例讲课，并讨论。

第三阶段：组织空间与行为，构思、讨论，形成初步解决方案，以工作模型及草图表达。

第四阶段：设计研究与表达，进一步研究并完成设计文件，图纸表达总体要求方案报批深度，完成一个1∶20外墙剖面和一个1∶5节点详图，并提交1∶300比例的单体工作模型。

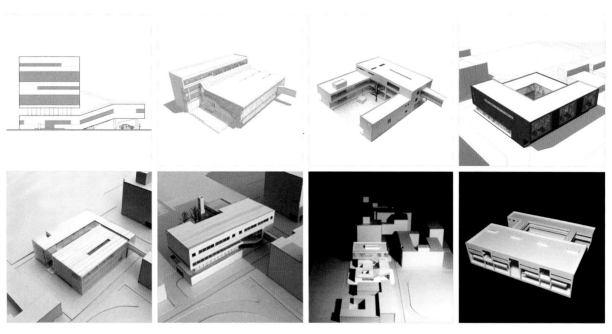

2007 级学生：陈锐　周昊　董豪杰　乔华　董金明　黄志成　孙睿　薛魁　田驰　吴昭华

2011 级学生：陈姝　张岸　黎健波　葛鹏飞　乔力　刘宇　夏澍　汪园　徐庆姝　张永雷　李恒鑫　管理　刘滨洋　石延安　张敏　张培

01 某设计院建筑创作空间扩建 2007
Extension of the Work Space of a Design Institute

学生：周昊

设计说明

以场地关系为基本出发点，以功能空间属性为切入点，以人的行为模式为立足点。将开放与相对私密的空间通过流动的大空间（即服务空间）联系起来，产生内向性庭院，使得其功能清晰明确，体量连贯完整。

概念生成

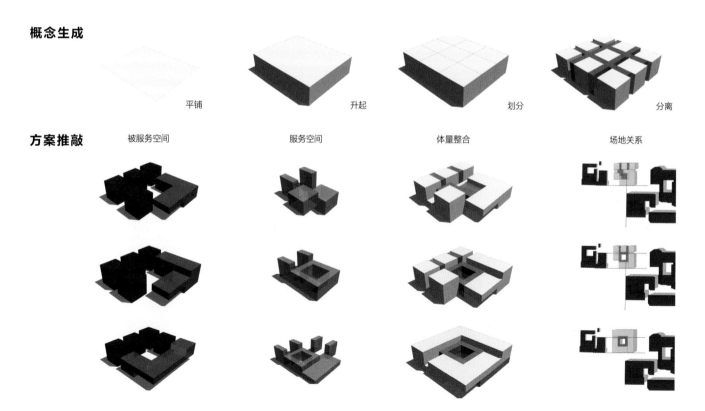

平铺　　　　　　　　　升起　　　　　　　　　划分　　　　　　　　　分离

方案推敲　　被服务空间　　　　　服务空间　　　　　体量整合　　　　　场地关系

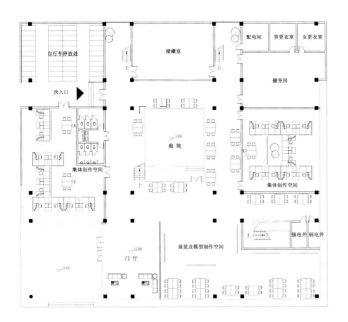

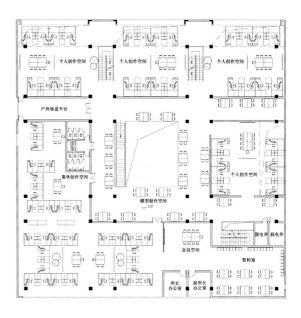

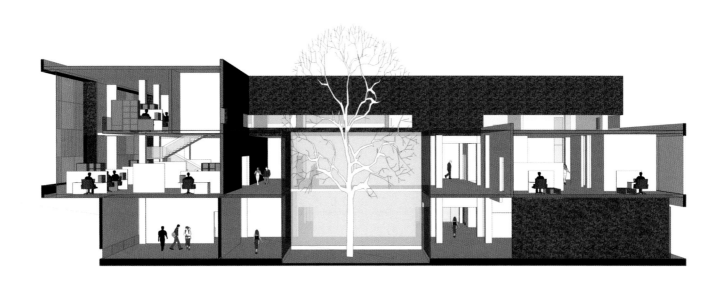

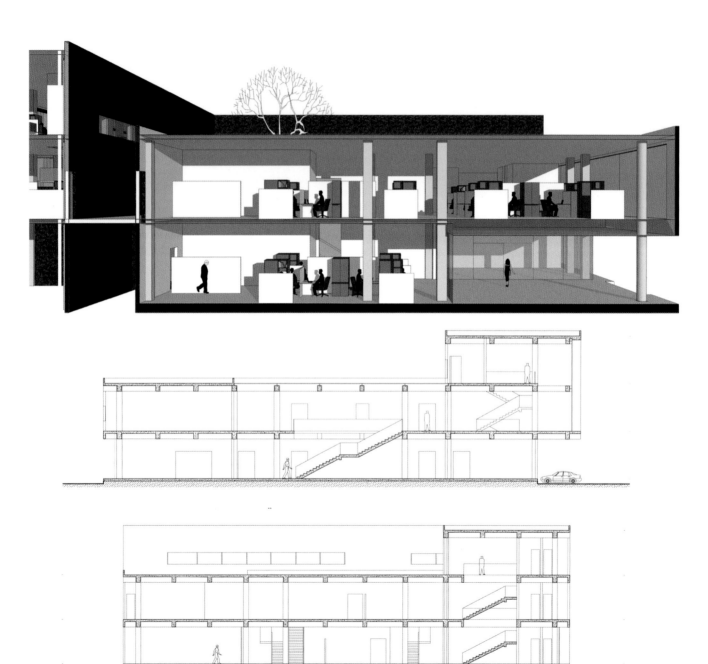

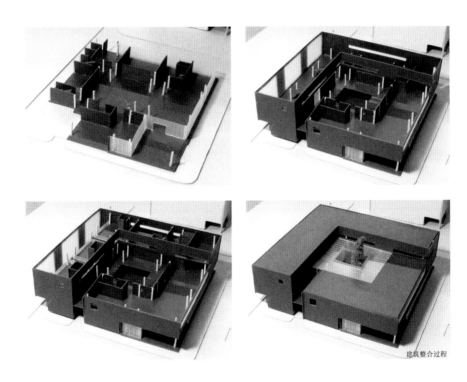

建筑整合过程

两个艺术家会所—两件"家具"
Architecture - Furniture

指导教师：张雷

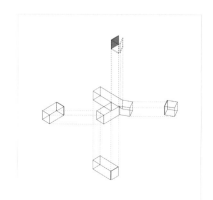

教学目的

       家具与人的身体密切相关，当今的家具设计不断地尝试以新材料和新形式激发身体与家具的新的行为和关系。这种符合身体尺度的、创造新的可能性的方式给建筑设计很大的启示。从家具到空间，从家具到建筑的设计训练，打破固有的思维模式，完成从概念设计到建造设计的完整过程。

研究主题

室内空间划分与定义 / 材料的可能性 / 建造逻辑

设计内容

1.成都方力钧美术馆内的家具设计：给定一个即将施工的建筑的图纸，以一个设计概念做一件或者一个系列的家具。

2.以相同的概念在杭州西溪艺术家会所内设计一件"大家具"：给定一个混凝土结构的大单元尺寸以及小单元尺寸，小单元与大单元的相对位置和结构材料不限，在单元空间内部放置一件"家具"，以达到既能划分与定义空间又能体现空间特质的目的。设计需要满足基本的功能需求：展览、会客、餐厅、厨房、主人卧室、客房、足够的卫生间，可以根据设计概念增加特定功能。

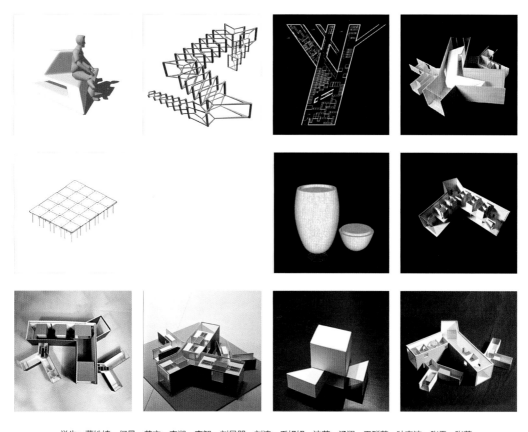

学生：董姝婧　何晨　黄方　李湘　李智　刘昆朋　刘涛　毛妍妍　沈萍　汤翔　王群英　叶李洁　张雷　张莹

01 建筑—家具 2008
Architecture - Furniture

学生：李湘　李智　黄方

　　该建筑内部空间基本分为两类，一是为了休息和工作的家居生活空间，二是为了展示和交流的公共空间。我们通常所说的"家具"，是满足人在室内生活的需要所必需的道具，在两类空间中，其规模、尺度和种类都大大不同，我们着重关注公共空间内的家具设计。

　　为了梳理美术馆内的机能和生活基盘，满足其中不同职业、不同年龄层以及不同国籍人的多样性行为方式，同时又不能影响人们对艺术品的观赏，我们设想存在一种装置，对各种问题可以在不同的层面和水平上加以应对，又必须和美术馆的整体相协调。

　　在设计这种装置时，首先要关注它和周围环境的关系，当然优先考虑的是在其与体验者之间构成一种怎样的关系，此外必须考虑这种装置的占地面积和体量都不宜过大，在满足功能需要的基础上，应该具有实用、广受欢迎的特性。由于其在美术馆中，所以必须提高它的艺术性，甚至可以把它提升到公有艺术品的高度。

　　我们需要一种有着艺术性的"家具"，因为除了功能之外，它更像一种无声的环境艺术的存在。当那些来参观展览的人们无数次地往返和它们接触时，它会对人们的感觉产生潜移默化的作用。

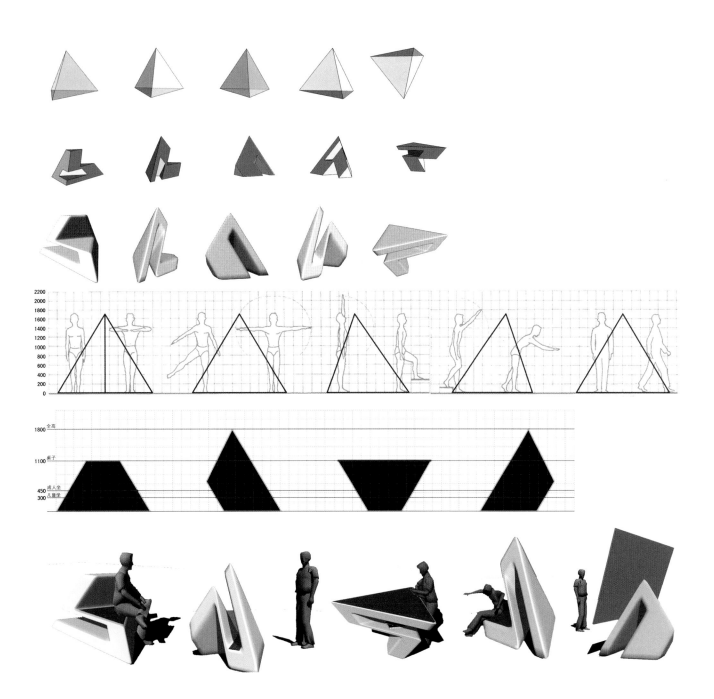

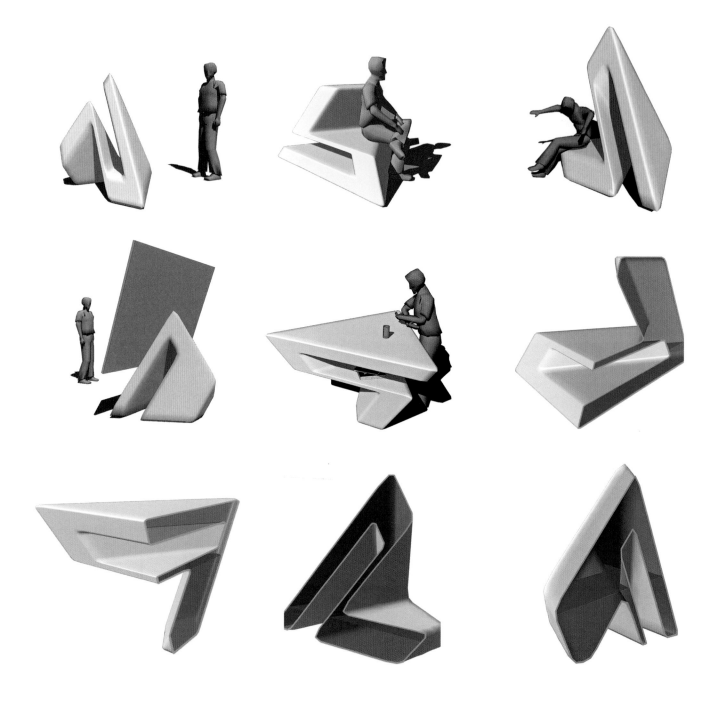

02 建筑一家具 2008
Architecture‑Furniture

学生：毛妍妍 刘涛

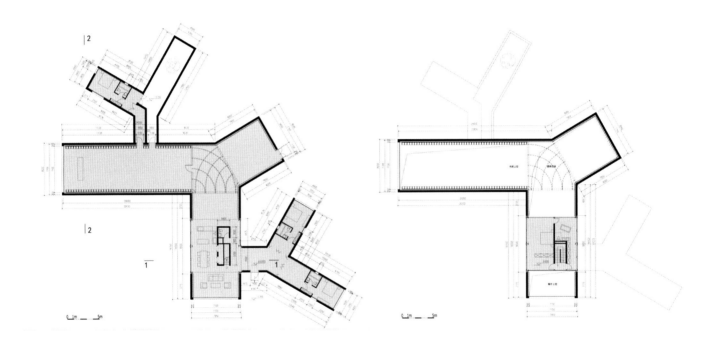

我们想象，如果这房子是为博尔赫斯而设计，它会是什么样。

他的藏书如何安置？他的生活又怎样？

我们基于房子本身的分叉趋向加入一转门，于是房子三分，最终我们得到了一处居所、一座图书馆、一间冥想室。

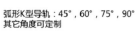

弧形K型导轨：45°，60°，75°，90°
其它角度可定制

滚轮系统

节点大样 1：5

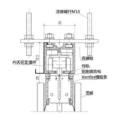

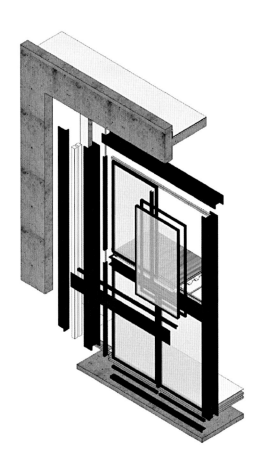

1. 金属压顶页

2. 收口压条固定，密封膏密实

3. 卷材附加层

4. U 型压条

5. 螺钉

6. 热风焊接

7. 屋顶构遭

4 厚 SBS 高聚物改性沥青防水卷材 20mm

厚，1：3 水泥砂浆找平

30mm 厚挤塑聚苯乙烯泡沫量料板保温层

20mm 厚 1：3 水泥砂浆找平

1：6 水泥焦渣找坡层（最薄处 30mm 厚）

150mm 现浇钢筋混凝土楼板

8. 卷帘（厂家配合制作）

9. 楼板构造

实木构造

20mm 厚架空层

现浇钢筋混凝土（最薄处 85mm）

3mm 厚梯形截面钢永久性模板

240×240×15mm 工字钢梁

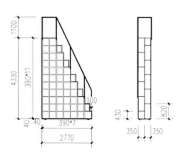

书架规格

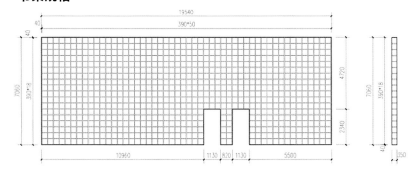

民国住宅群中的艺术家 SOHO
Artist SOHO in the Residence Group

指导教师：吉国华

教学目的

　　课程从"空间""场所"与"建造"等建筑问题出发，从内与外、公共性与私密性、单体与组合等关系入手，探讨建筑设计的基本问题和系统性的设计方法。学生通过这一课题的训练，达到对建筑设计过程、设计方法以及建筑设计一般性与特殊性的基本认识与理解。

研究主题 空间 / 场所

设计内容

1.建筑形态：特定城市环境中的建筑形态与外部空间。

2.空间研究：居住与办公复合情况下的单元构成与组合。

设计过程

1.调研与概念设计	2.0周
2.住宅单元设计与组合	2.0周
3.住宅功能细化：平、立、剖图，工作模型	
	2.0周
4.材料、构造与立面设计	1.0周
5.设计表达	1.0周

2008 级学生: 陈鑫　孟浩　冯岱宗　许瑛　郭东海　龚桓　刘洋　王冠玉　王冲　韩晶　吴汉成　陈瑶　赵晖　杨叶

2009 级学生: 曹庆艳　陈晨　杜东风　段梦媛　郭珊珊　郝昊　卢伟　缪纯乐　田野　王涵　王星　姚佳妮　张茹　赵启明　周志如　朱祺

2010 级学生: 曾宇城　伍蔡畅　鲍强　潘慧　董振宇　李卉　李广林　王健　郭芳　刘昀　柳楠　汤梦捷　吴宁　罗思维　吴仕佳　蒋敏

01 民国住宅群中的艺术家 SOHO 2008
Artist SOHO in the Residence Group

学生：郭东海　龚恒

设计构思

通过对"SOHO"这个新生词汇的解读，我们将其分离为两个基本功能要素：生活和工作。为了调和这两个基本元素之间的矛盾性，我们提出了从私密到公共进行分层的概念。我们把主要的生活空间放在首层并设置一个会客厅，作为连接生活与工作的缓冲场所，二层设计整体的屋顶平台用作临时的展示场所。三层则为相对独立的工作室。

这样，主人的生活和工作分区明确，来访的客人可以经过主人允许后和主人在一层的会客厅进行交流，也可以从场地直接通向二层平台从而进入三层工作室。这样的流线式处理条理清晰，既保证了主人生活的相对私密性，也可以方便来访者在不打扰主人生活的前提下便捷地到达二层的展示屋顶平台或三层的工作室进行参观。

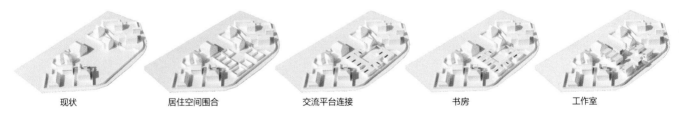

现状　　　　居住空间围合　　　　交流平台连接　　　　书房　　　　工作室

围合概念

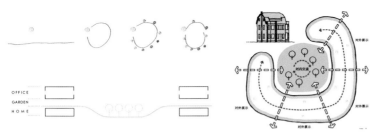

在整体布局方面，我们考虑到艺术家以及来访者的交流需要，设置了一个内院，并保留了八栋建筑围绕内院的组织结构。内院的设置达到了对内交流、对外展示的效果，院落内与外部空间之间的相互渗透定义了不同的属性，满足了艺术家的需求。

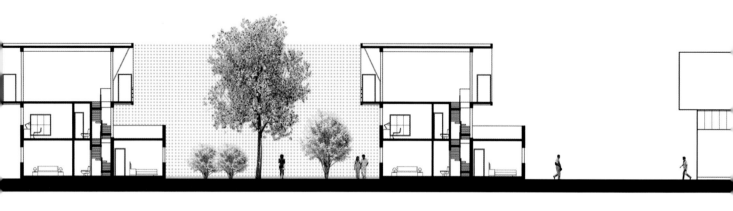

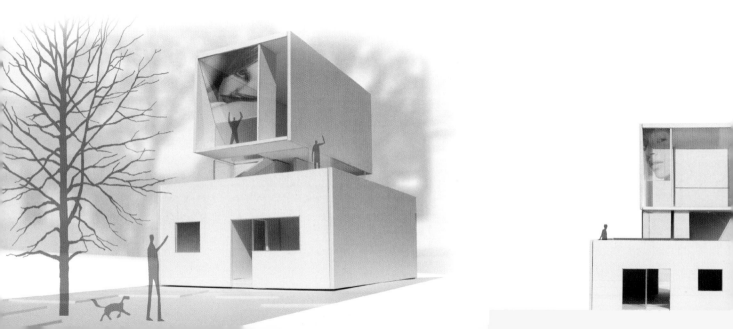

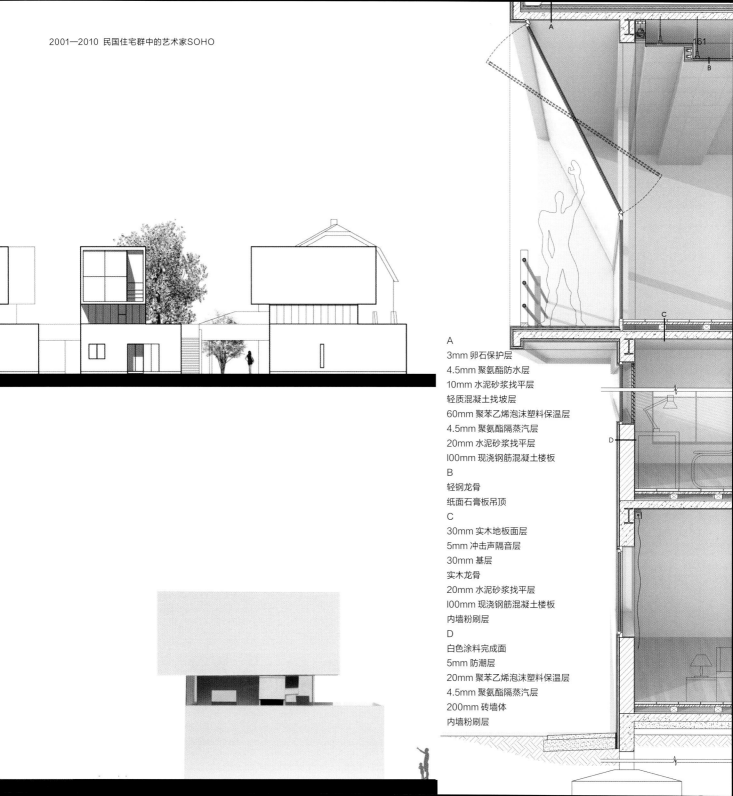

161

A

3mm 卵石保护层

4.5mm 聚氨酯防水层

10mm 水泥砂浆找平层

轻质混凝土找坡层

60mm 聚苯乙烯泡沫塑料保温层

4.5mm 聚氨酯隔蒸汽层

20mm 水泥砂浆找平层

100mm 现浇钢筋混凝土楼板

B

轻钢龙骨

纸面石膏板吊顶

C

30mm 实木地板面层

5mm 冲击声隔音层

30mm 基层

实木龙骨

20mm 水泥砂浆找平层

100mm 现浇钢筋混凝土楼板

内墙粉刷层

D

白色涂料完成面

5mm 防潮层

20mm 聚苯乙烯泡沫塑料保温层

4.5mm 聚氨酯隔蒸汽层

200mm 砖墙体

内墙粉刷层

02 民国住宅群中的艺术家 SOHO 2009
Artist SOHO in the Residence Group

学生：姚佳妮　陈晨

基地分析

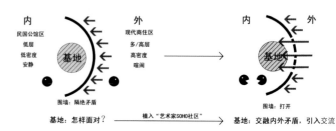

概念分析

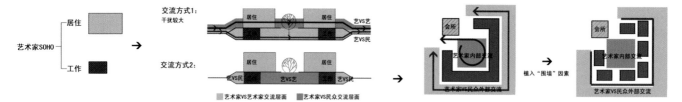

概念生成

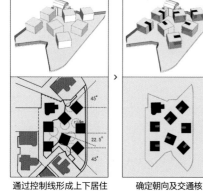
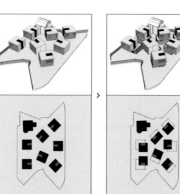
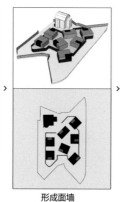
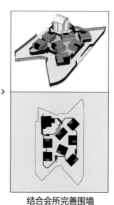
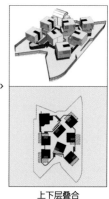

通过控制线形成上下居住的空间　确定朝向及交通核　确定下层工作室　形成面墙　结合会所完善围墙　上下层叠合

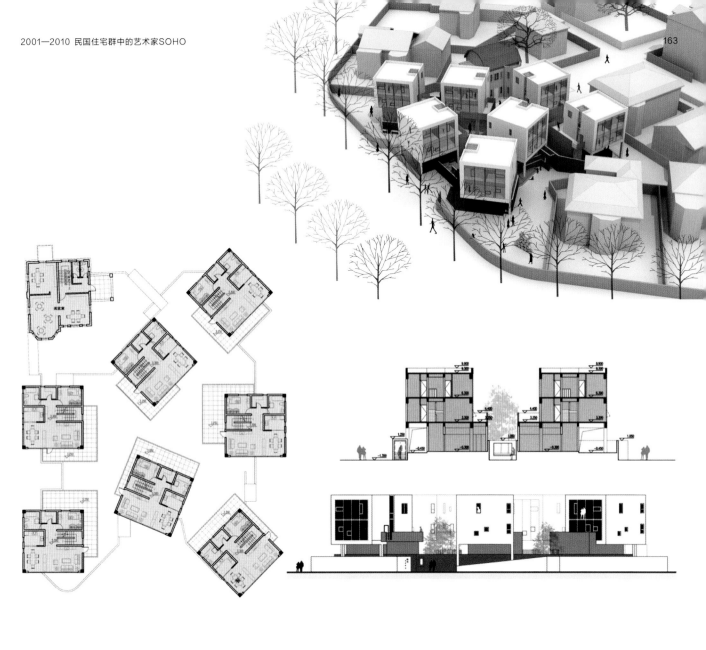

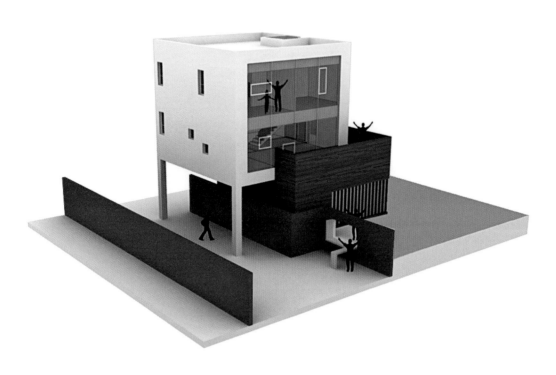

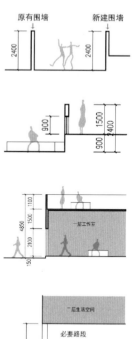

单体平面

建造结构

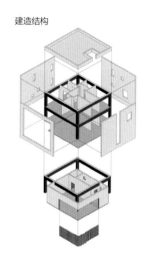

单体组合方式

03 民国住宅群中的艺术家 SOHO 2010
Artist SOHO in the Residence Group

学生：曾宇城　伍蔡畅

基地分析

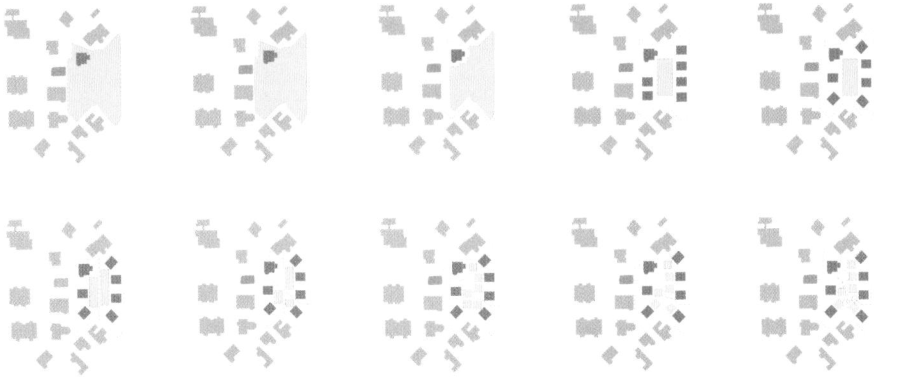

模型推敲

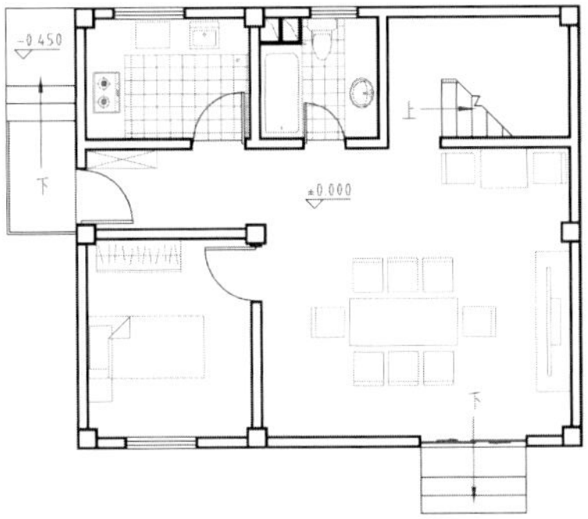

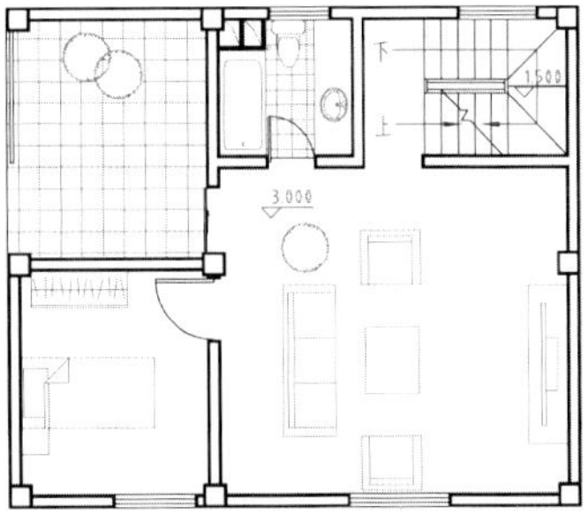

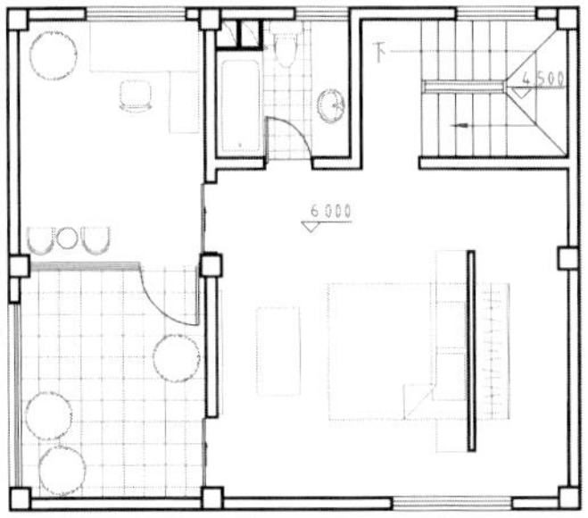

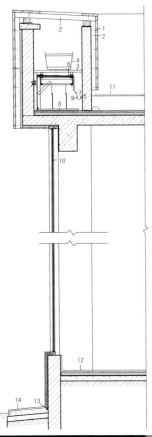

1. 145×22mm 木板

2. 50×50 木龙骨

3. 50×30×4mm 镀锌钢

4. 塑料花盆

5. 锌板

6. 密封：20mm 胶合板

7. 160mm 镀锌钢槽

8. 悬吊式硅酸板，上漆

9. 镀锌沟槽

10. 玻璃幕墙

11. 屋顶构造

人工草皮

150mm 种植土壤层

10mm 找平层

最薄处 30mm 找坡层

挤塑聚苯板保温层

刚性防水层

100mm 钢筋混凝土楼板结构层

12. 地板构造

地面面层

10mm 水泥砂浆结合层

挤塑聚苯板保温层

干铺防水卷材一层

60mm 水泥炉渣垫层

素土夯实

13. 密封材料

14. 室外地坪构造

20mm 1∶3 水泥砂浆找平层（泛水）平层（泛水）坡度 5%

80mm 素混凝土

素土夯实

私人青年会所
Private Youth Club

指导教师：傅筱

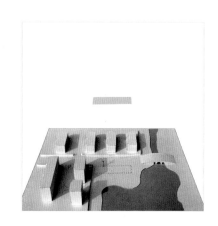

教学目的

  课程从"空间"和"场地"等建筑的基本问题出发，通过某青年会所设计，训练学生对建筑与场地、空间与行为等关系的认知，并强调场地属性和内部空间对建筑的双向影响作用，从而加深学生对建筑设计过程与设计方法的基本认识。

研究主题

  构成与行为模式/建筑开口与内部空间/建筑开口与场地属性

设计内容

  在一块有限制条件的场地内设计一个私人青年会所，对象为无子女的年轻夫妇，内容包括客房标准间4间、主人卧室1间、书房1间、客厅、餐厅、厨房、家庭影院等。总建筑面积320—350平方米。结构形式为砖混结构或者框架结构。建筑限高11米。

场地属性

  南北向狭长——采光问题，东北侧临湖——景观问题，基地西侧和南侧均有建筑物，南侧是五层的住宅楼，既遮挡了日照也影响到建筑的私密性，对建筑的开口设置有重要影响。基地西侧紧邻住宅区主要干道，东侧和北侧均有湖滨步行道。

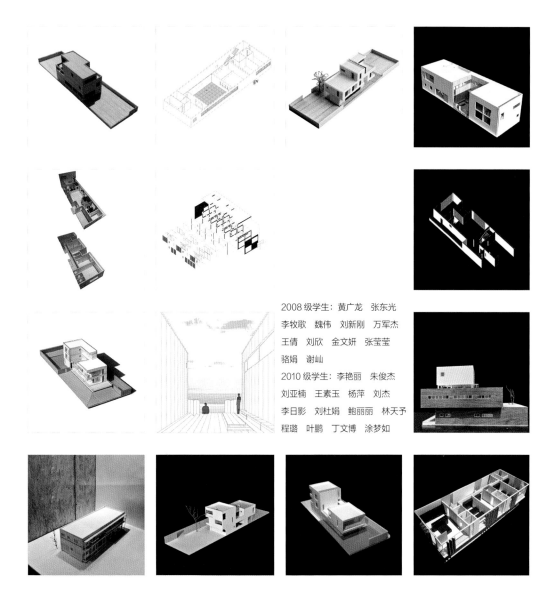

2008 级学生：黄广龙　张东光
李牧歌　魏伟　刘新刚　万军杰
王倩　刘欣　金文妍　张莹莹
骆娟　谢屾
2010 级学生：李艳丽　朱俊杰
刘亚楠　王素玉　杨萍　刘杰
李日影　刘杜娟　鲍丽丽　林天予
程璐　叶鹏　丁文博　涂梦如

01 私人青年会所 2008
Private Youth Club

学生： 魏伟　李牧歌

景观要素包括基地北侧和东侧的湖水以及基地西南角的保留树木，这是影响我们设计的最重要的属性。我们的设计主要探讨了建筑与主要景观面的关系，其中包括空间的组织和开口方向，而保留树木也被赋予了特殊的意义。

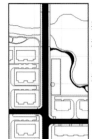

基地西侧紧临住宅区主要干道，东侧和北侧均有滨湖步行道。很显然，基地的出入口开向西侧道路，所要注意的是入口与道路南侧路口的距离。

基地西侧和南侧均有建筑物，这对我们的设计有一定的制约。其中，南侧是五层住宅楼，既遮挡了日照也影响到建筑的私密性。就本设计而言，建筑肌理不是讨论的对象，我们更加关注与既有建筑体量之间的关系。

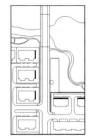

基地西侧的界面由建筑物的东山墙面和围墙构成，比较封闭；南侧界面由建筑物的北立面和围墙构成，比较开放。就我们的设计而言，环境界面将引起我们对私密性和空间组织的讨论。

空间模型

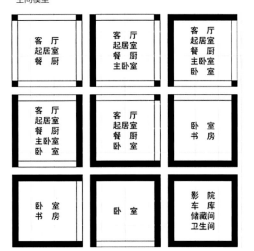

策略

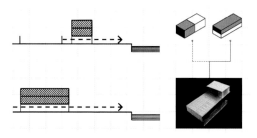

我们根据对场地的理解，选择将公共空间置于底层，使人的活动更加亲近自然。同时，起居室在上层也可以获得更好的视野。

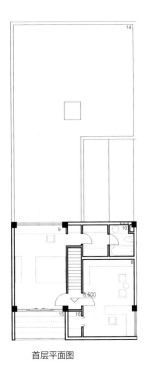

首层平面图

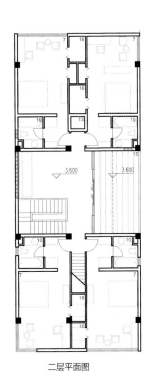

二层平面图

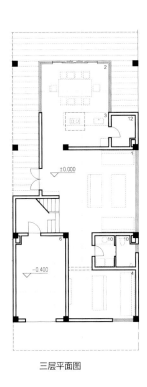

三层平面图

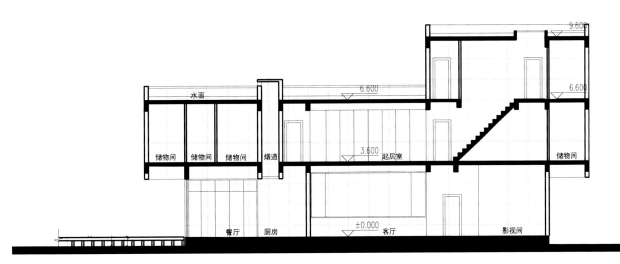

建筑开口研究

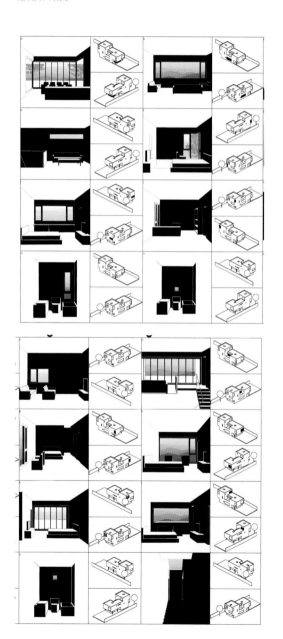

分层轴测

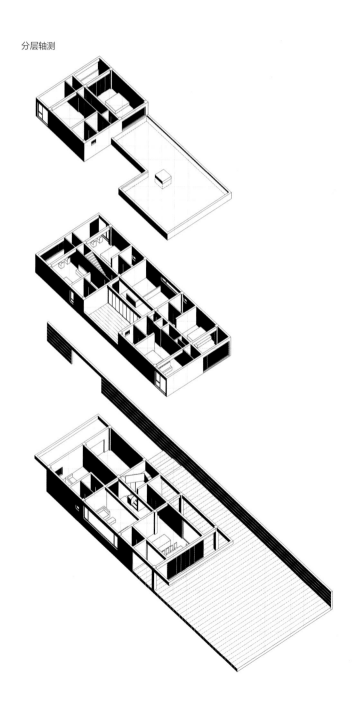

Framing Surface：校园公共服务设施设计
Framing Surface: Design of Campus Public Service Facilities

指导教师：冯路

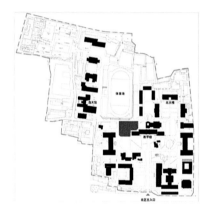

教学目的

　　课程以"Framing Surface"为设计主题和途径切入建筑、空间与场地之间的基本关系。教师将一个公共服务设施当作设计的载体，试图敦促学生对熟悉的日常生活环境进行探索和反思，通过设计与现有环境建立新关联。Framing的含义通常为"景框"，然而本课程将帮助学生理解framing更多的可能性和潜能。

　　课程还将关注理论与设计之间的对话关系，使学生一方面初步了解framing surface的相关概念以拓展设计思考，另一方面通过设计过程的展开重新理解理论与研究的意义，最终在小组全体工作成果之上建构研究图表。

研究主题

　　建筑与场地 / 空间界面与体验 / 理论与设计

设计内容

　　在南京大学校园内某处设计一个小型校园公共服务设施，服务对象主要为学生，也可以包括老师。建筑面积将不超过1000平方米。学生需要在场地调查和分析之后决定自己设计的内容、功用及面积分配。在此之后，学生需要在形式与空间、建造与材料的层面深化设计。

教学过程

　　共八周，设计过程并非被简单限定为不同步骤，而在于不同阶段之间的叠合。

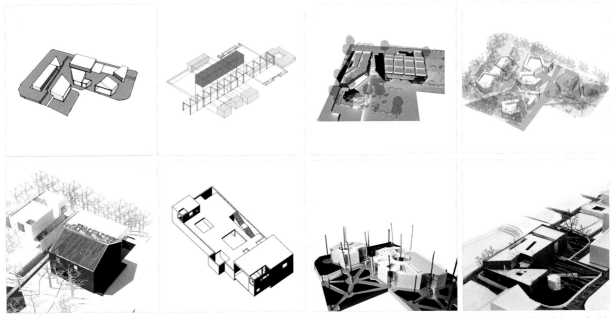

2009 级学生: 周瑞雪　方彪　陈娟　祝贺　刘玮　顾志勤　刘振强　周文婷　孙慧玲　徐路华　谢方洁　白杰　张熙慧　成敏　李春晖　李昕光

01 Framing Surface：校园公共服务设施设计 2009
Framing Surface: Design of Campus Public Service Facilities

学生：陈娟　祝贺

场地要素

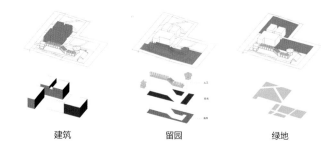

建筑　　　　留园　　　　绿地

基地由三部分组成：

榴园　　　榴树为主的多树种游廊，材质粗糙，利用度不高；亭台为中式古典风格，使用度和观赏度较高，与西部教学楼民国建筑的山花相协调

旧建筑　　民国建筑，灰砖外立面

开敞绿地　草木繁茂，可穿越，开敞地较多，但利用度不高

路径高差节奏

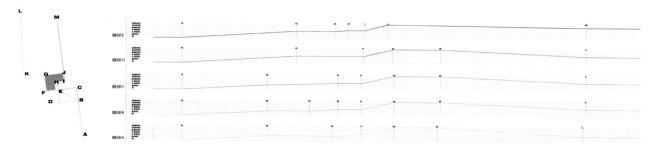

路径高差节奏

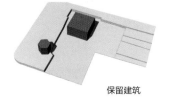

保留建筑

路径 + 基地

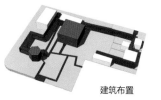

建筑布置

开放性场地

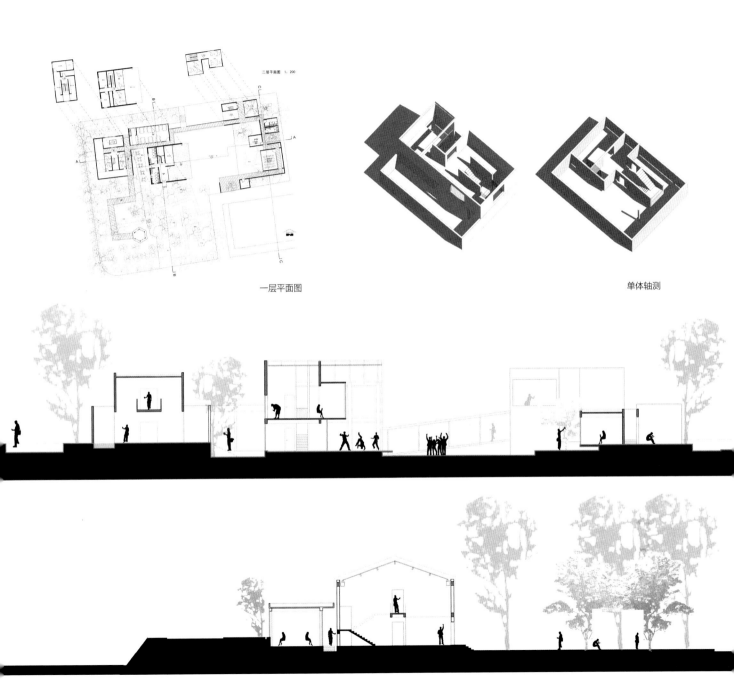

一层平面图　　　　　　　　　　　　　　　　　　　　　　　　单体轴测

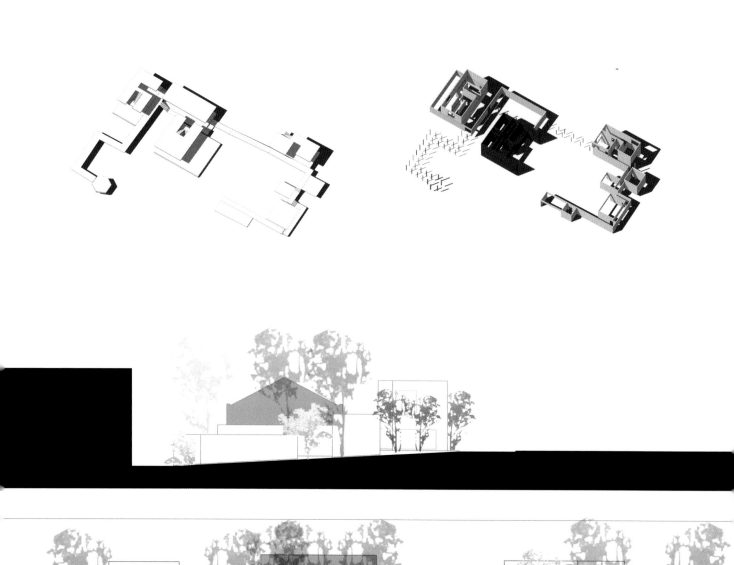

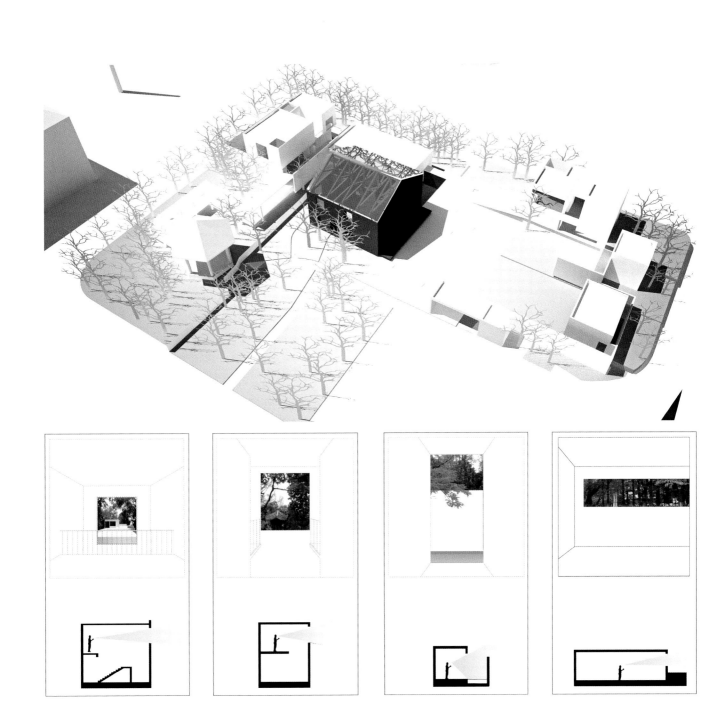

南京老城南民宅的功能置换及改造研究
Functional Replacement and Redecoration in the South of Old Nanjing Town

指导教师：张雷

教学目的

　　课程从"环境""空间""场所"与"建造"等基本的建筑问题出发，学生通过对南京老城南民宅的分析以及其后功能置换后使用空间的重新划分，从建筑与基地、空间与活动、材料与实施等关系入手，将问题的分析理解与专业化的表达相结合，达到对建筑设计过程与设计方法的基本认识与理解。

研究主题

　　建筑类型 / 空间再划分 / 建筑更新 / 建造逻辑

设计内容

　　学生对老城南的民宅进行调研，每组选择一幢老城南的普通民宅，通过功能置换和整修改造，使其满足新的使用要求。

设计过程

第1周　老城南民宅调研

第2周　老城南民宅分析，确定新的使用功能

第3周　根据新的使用功能进行空间划分

第4周　空间设计及家具布置

第5—6周　材料与结构研究

第7周　细部设计，选择一两个与设计概念相关的细部进行设计，达到施工图深度

第8周　设计表达，鼓励有创意的表达方式

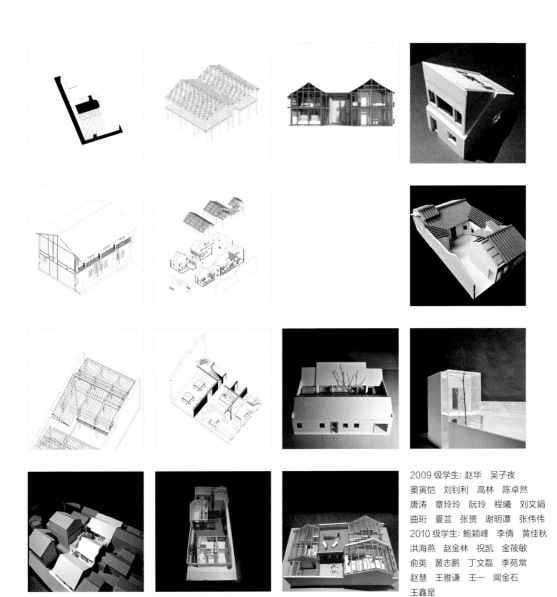

2009 级学生: 赵华　吴子夜
窦寅恺　刘钊利　高林　陈卓然
唐涛　章玲玲　阮玲　程曦　刘文娟
曲珩　夏芸　张赟　谢明谭　张伟伟
2010 级学生: 鲍颖峰　李倩　黄佳秋
洪海燕　赵金林　祝凯　金筱敏
俞英　黄志鹏　丁文磊　李苑常
赵慧　王雅谦　王一　闻金石
王鑫星

01 城南之家 2009
Functional Replacement and Redecoration in the South of Old Nanjing Town

学生：高林　陈卓然

山墙砌墙法研究

建造过程研究

结构榫卯研究

中柱榫卯

瓜柱榫卯

檐柱榫卯

梁柱榫卯

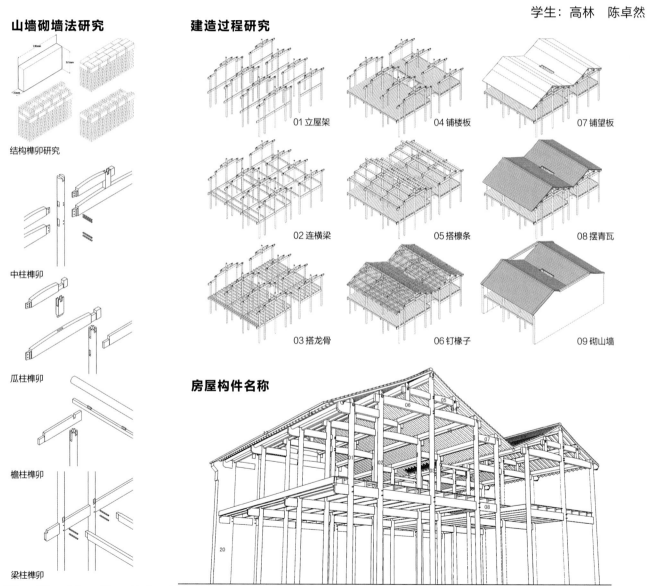

01 立屋架　　　　04 铺楼板　　　　07 铺望板

02 连横梁　　　　05 搭檩条　　　　08 摆青瓦

03 搭龙骨　　　　06 钉椽子　　　　09 砌山墙

房屋构件名称

01 檐柱 02 金柱 03 中柱 04 瓜柱 05 小架头 06 大架头 07 上楸 08 下楸 09 下穿棚 10 槅栅 11 檐桁 12 金桁 13 上金桁 14 栋桁 15 随檩桁 16 椽子 17 望板 18 小青瓦 19 楼板 20 山墙

人流通行方式统计

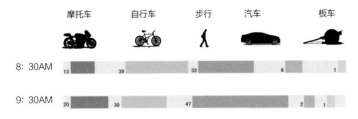

	摩托车	自行车	步行	汽车	板车
8:30AM	13	39	33	6	1
9:30AM	20	30	47	2	1

人流年龄段统计

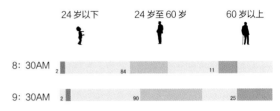

	24岁以下	24岁至60岁	60岁以上
8:30AM	2	84	11
9:30AM	2	90	25

由统计得出，建筑所临街道的人流年龄段以中青年为主，人流通行方式以自行车和步行为主，机动车也有一定比例。

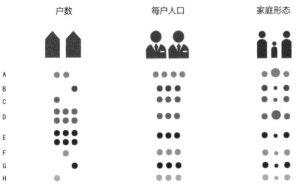

住户结构及通行方式

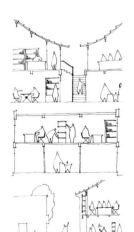

空间利用模式

内部与上部空间的便捷交通

信息发布空间与街巷的关系

办公空间内部的组织方式

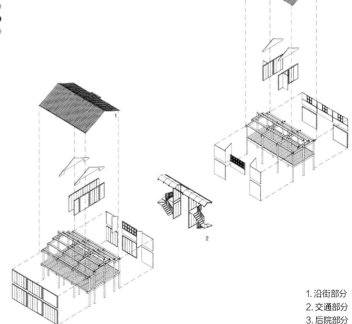

1.沿街部分
2.交通部分
3.后院部分

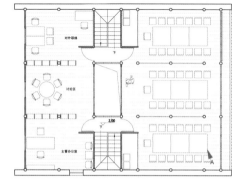

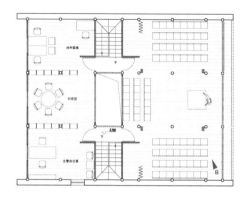

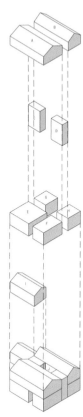

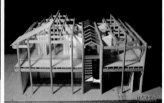

加建部分分解轴测

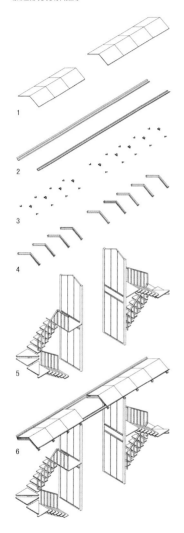

楼梯间天井模型照片

1.玻璃屋面 2.排水天沟 3.玻璃抓点 4.折形龙骨 5.楼梯及天井 6.组合效果

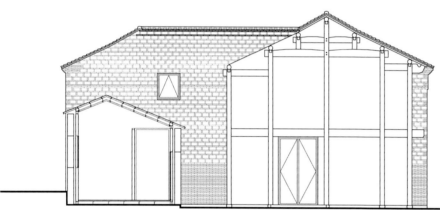

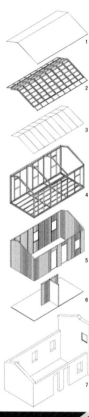

1. 屋面板
2. 龙骨
3. 吊顶
4. 主体框架
5. 外维护结构
6. 内墙及楼板
7. 废弃老墙

1. 布瓦匾面

三号板瓦 160X160mm

2. 防水卷材

3. 保温层 50mm 聚苯板

4. 镀锌铁皮天沟

天井处向出檐部分走水当排水方

向开圆洞

5. 玻璃天窗

6. 折形钢梁

7. 封檐板修复

8. 修复原有木窗

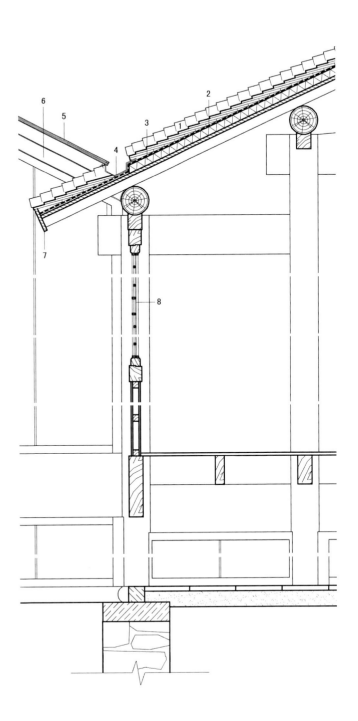

02 南京老城南民宅的功能置换及改造研究——磨盘街 3 号浴室改造 2010
Functional Replacement and Redecoration in the South of Old Nanjing Town

学生：闻金石　王鑫星

　　"老城南"对于南京市而言具有非凡的意义，不仅因为它承载了历史和文化的积淀，更为重要的是，它承载了老南京人的生活场景，承载了老南京人的记忆。我们可以从卫星图中看出它与众不同的城市肌理，这对老城南的保护具有重要的指导意义。

信息整合

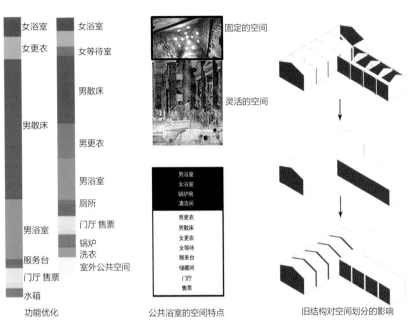

机平瓦

挂瓦条

竹席片

椽子

檩条

加建吊顶（木质三合板）
和隔墙

填充砖墙 240mm 厚

承重屋架（砖木）
和山墙

功能优化　　　　　公共浴室的空间特点　　　　旧结构对空间划分的影响

对实例的体验

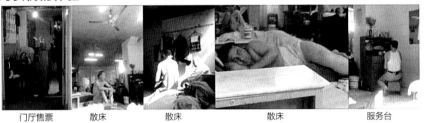

门厅售票　　　散床　　　　散床　　　　散床　　　　服务台

销售台　　　池浴屋顶　　　员工休息室　　　服务台　　　锅炉房

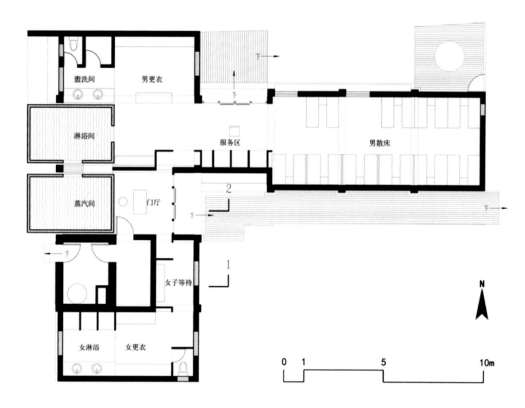

浴室改造的操作过程

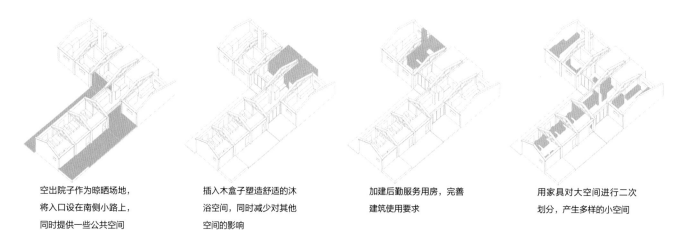

空出院子作为晾晒场地，将入口设在南侧小路上，同时提供一些公共空间

插入木盒子塑造舒适的沐浴空间，同时减少对其他空间的影响

加建后勤服务用房，完善建筑使用要求

用家具对大空间进行二次划分，产生多样的小空间

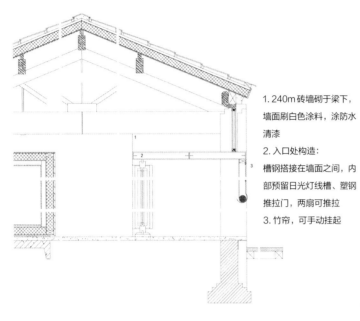

1. 240m 砖墙砌于梁下，墙面刷白色涂料，涂防水清漆
2. 入口处构造：
槽钢搭接在墙面之间，内部预留日光灯线槽、塑钢推拉门，两扇可推拉
3. 竹帘，可手动挂起

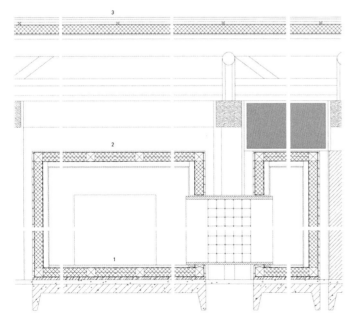

1. 盒子地坪构造：
原建筑地基层   防水砂浆找坡
预制铜筋混凝土垫板   平铺桑拿板
素混凝土垫层找平
木垫板
防潮层
木龙骨间填充保温材料
2. 盒子顶层构造：
杉木板
防水层
木龙骨间填充保温层
设备层
桑拿木板
3. 旧建筑屋顶材料更新：
机平瓦（旧）   垫木（旧）
挂瓦条   檩条（旧）
顺水条   砖木屋架（旧）
防水层
保温板
20mm 厚胶合板纵铺于檩条之上

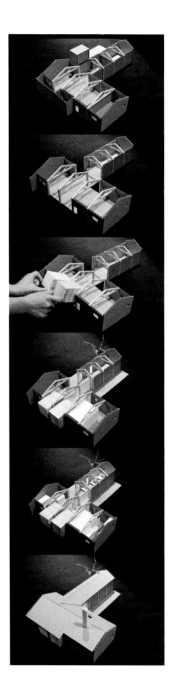

经济型宾馆设计
The Budget Hotel Design

指导教师：傅筱

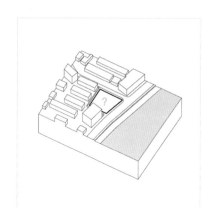

教学目的

    课程以"空间"和"场地"等建筑基本问题为出发点，通过对某经济型宾馆的设计，训练学生在经济条件有限制的情况下，如何处理好建筑与场地、空间与行为等关系，并强调建筑的经济性对建筑选材和空间处理的影响，从而加深学生对实际建筑设计过程与设计方法的基本认识。

研究主题 空间构成与行为模式/建筑空间、材料与经济性

设计内容

（1）在一块有限制条件的场地内设计一个经济型宾馆。

（2）要求学生自己拟定设计任务书。

（3）满足规划部门的要求。

（4）满足业主提出的要求：尽可能多地安排标准间客房，不设客梯，但需设置一部运送行李的小电梯。旅社为客人提供早餐（按照一半的客房数设置空间），不提供中晚餐，不设置娱乐功能，但最好有一个吧台。建筑内部空间要节约，但仍需有特色。考虑空调种类和热水供应方式。不设地下室，室外停车由于场地限制，不考虑客人停车的需求，提供1—2个内部人员室外停车位。

（5）鼓励用Revit Architecture软件设计，学习专业的建筑软件设计方法。

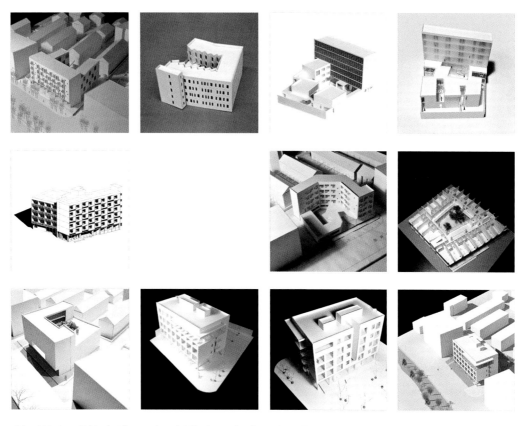

学生：刘晓黎　王乾魁　庞琨伦　翟凤娇　陈秋菊　赵涵　黎思琪　胡博　刘建岗　陈天朋　杨扬　扈小璇　应超　夏寅　周寅

01 经济型宾馆设计 2009
The Budget Hotel Design

学生：庞琨伦　翟凤娇

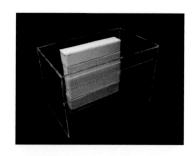

场地分析

基地东侧的河流成为主要的景观　　基地周围的建筑形成两种城市肌理　　基地东侧和北侧的道路关系

城市界面

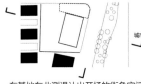
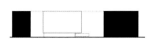
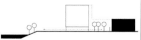

在基地东北测退让出开场的街角空间　　建筑的高度和南北侧建筑高度一致，形成连续的城市界面　　通过庭院空间来过渡基地东西侧的两个高度的城市界面

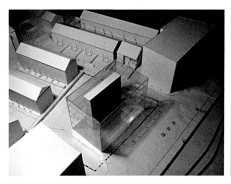
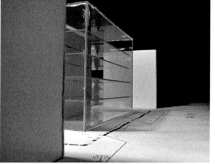

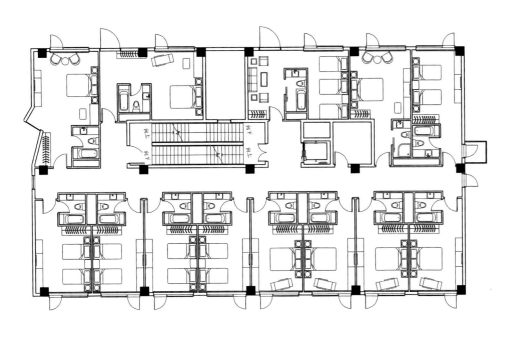

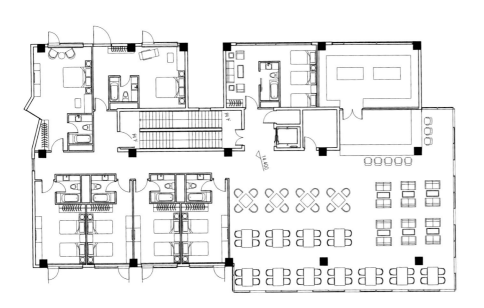

洞口

屋顶

外围护结构

内部分割墙体

框架结构和楼梯

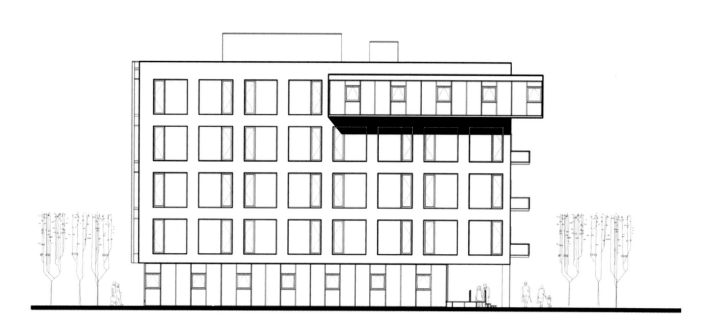

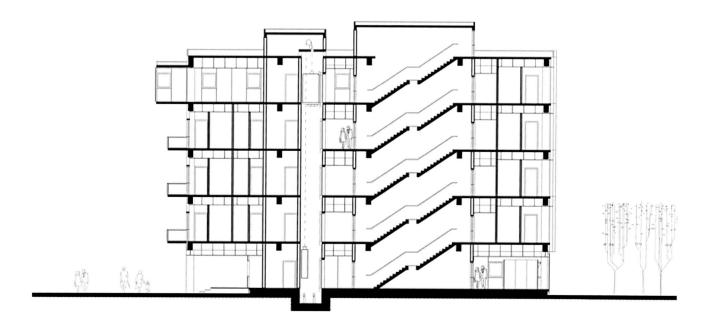

高差：校园公共服务设施设计
Altitude Difference: Design of Campus Public Service Facilities

指导教师：冯路

教学目的

　　高差是环境的物理状态。一旦与人的空间体验相关联，设计者对高度变化的处理就可以创造具有差异性和潜能性的空间。课程以"高差"为设计主题和途径切入建筑、空间与场地之间的基本关系。教师将校园公共服务设施当作设计的载体，试图敦促学生对熟悉的日常生活环境进行探索和反思，通过设计与现有环境建立新关联。

研究主题　建筑与场地／空间界面与体验

设计内容

　　在南京大学校园内某处设计一个小型校园公共服务设施。建筑面积大约1000平方米。学生需要在场地调查和分析之后决定自己设计的内容、功用及面积分配。在此之后，学生需要在形式与空间、建造与材料的层面深化设计。

教学过程

　　共八周，设计过程并非被简单限定为不同步骤，而在于不同阶段之间的叠合。

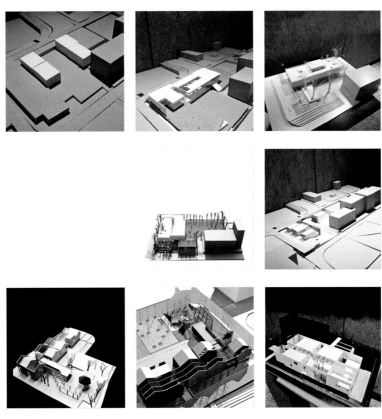

2010 级学生：陈文龙　陈雯茜　江萌　李善超　李亚楠　张万金　李莹莹　曲亮　陆磊　黄婧　吴玺　谌利　朱珠

01 高差：校园公共服务设施设计 2010
Altitude Difference: Design of Campus Public Service Facilities

学生：吴玺　谌利

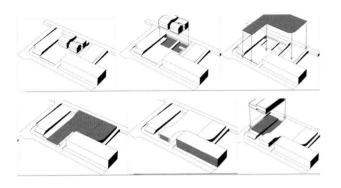

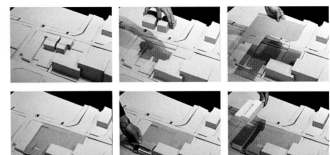

服务台

茶室

服务

跳蚤市场

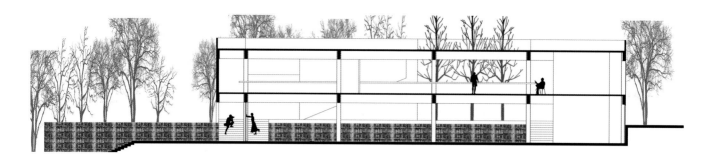

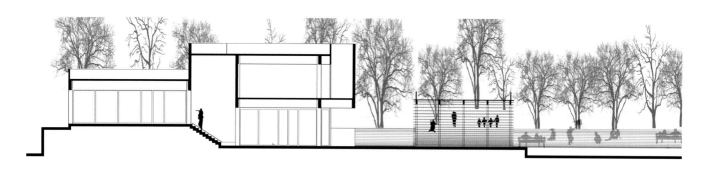

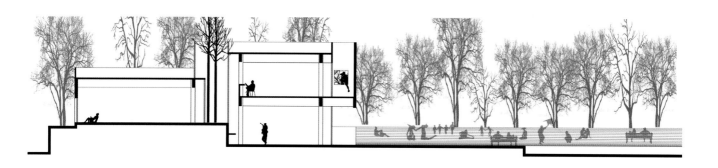

2 0 1 1

— 2 0 2 0

南京老城南大板巷西侧、绫庄巷两侧的更新改造设计研究
Renovation of the West Side of Daban Lane and Both Sides of Lingzhuang Lane

指导教师：张雷

教学目的

　　课程从"环境""空间""场所"与"建造"等基本的建筑问题出发，要求学生通过对南京老城南城市肌理和建筑类型的分析以及其后功能置换后使用空间的重新划分，从建筑与基地、空间与活动、材料与实施等关系入手，将问题的分析理解与专业化的表达相结合，达到对建筑设计过程与设计方法的基本认识与理解。

设计内容

　　对老城南大板巷西侧、绫庄巷两侧进行调研，每组选择一个院落或区域，通过功能置换和整修改造，使其满足新的使用要求。

研究主题

　　建筑类型 / 空间再划分 / 建筑更新 / 建造逻辑

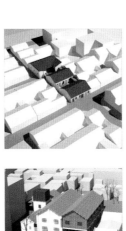

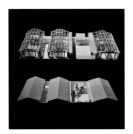

学生：彭文楷　吕程　高菲　陈新　袁芳　胡昊　张备　王海芹　邱金宏　李扬　陈圆　刘奕彪　王力凯
　　　辛胤庆　马喆　吕铭　袁金燕

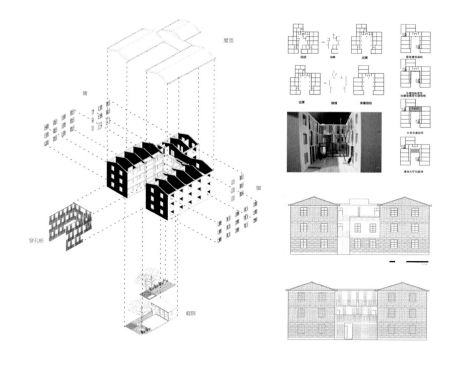

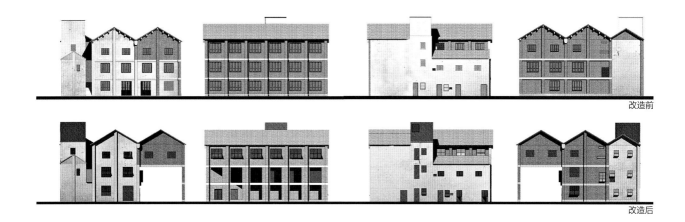

改造前

改造后

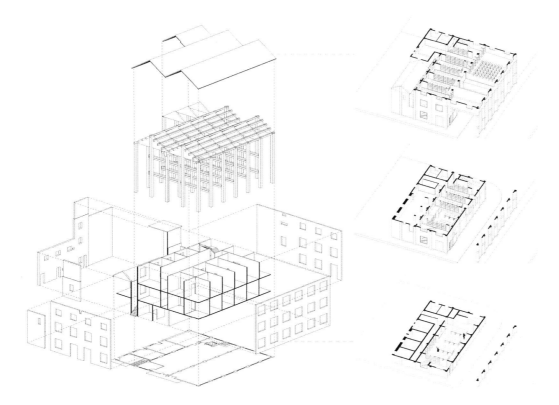

01 南京南捕厅大板巷西侧、绫庄巷两侧的更新改造设计研究 2011
Renovation of the West Side of Daban Lane and Both Sides of Lingzhuang Lane

学生：王力凯　辛胤庆

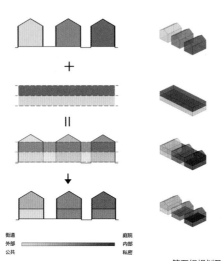

街道　　　　　　庭院
外部　　　　　　内部
公共　　　　　　私密

第五组规划及单体初步设计

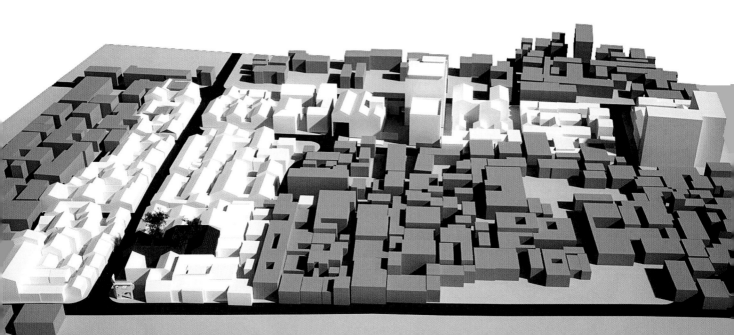

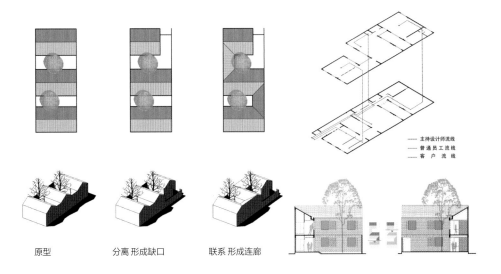

原型　　　　　分离 形成缺口　　　　联系 形成连廊

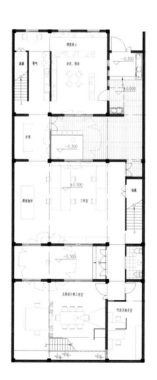

　　项目位于南京老城南南捕厅,南捕厅是清代从
事缉捕工作的衙署。经历了多次战火,南捕厅旧址
的房屋已经荡然无存,但以此命名的老街巷却保
存了下来。时至今日,南捕厅一带仍然保留着大量
老城南民居,街巷密布,风貌依旧,其中还有甘家
大院等国家级重点文物保护单位,是南京城内重
要的历史文化环境风貌区之一。本组经过调研后,
通过功能置换和整修改造,使原本的院落满足设
计师工作室的需求。

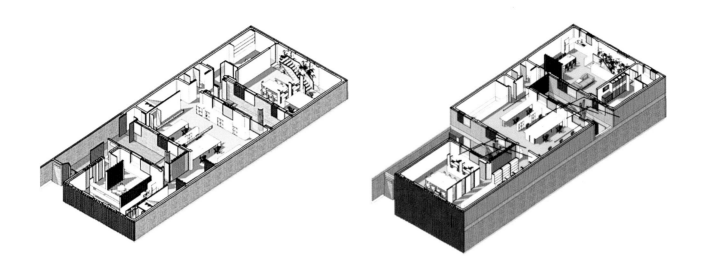

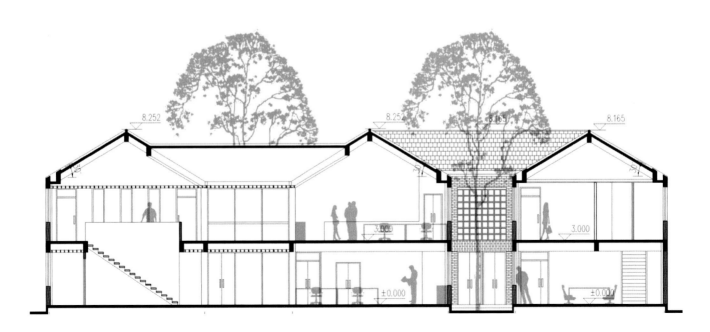

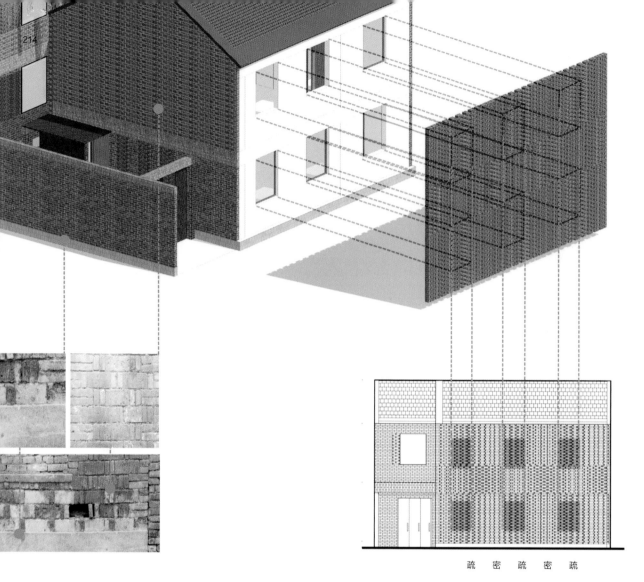

疏　密　疏　密　疏

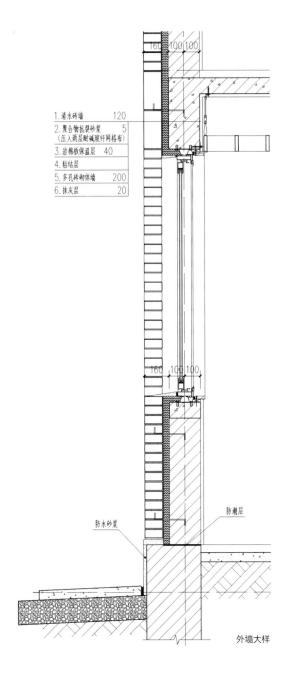

1. 清水砖墙　　　　　　120
2. 覆合物抗裂砂浆　　　　5
　（压入两层耐碱玻纤网格布）
3. 岩棉板保温层　　　　40
4. 粘结层
5. 多孔砖砌体墙　　　200
6. 抹灰层　　　　　　　20

防水砂浆

防潮层

外墙大样

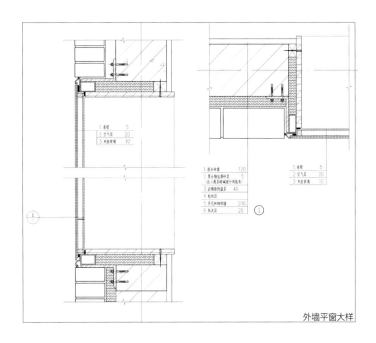

1. 清水砖墙　　　　　　120
2. 覆合物抗裂砂浆　　　　5
　（压入两层耐碱玻纤网格布）
3. 岩棉板保温层　　　　40
4. 粘结层
5. 多孔砖砌体墙　　　200
6. 抹灰层　　　　　　　20

1. 有璃　　　5
2. 空气层　　20
3. 夹胶玻璃　10

外墙平窗大样

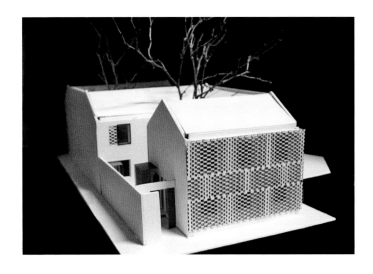

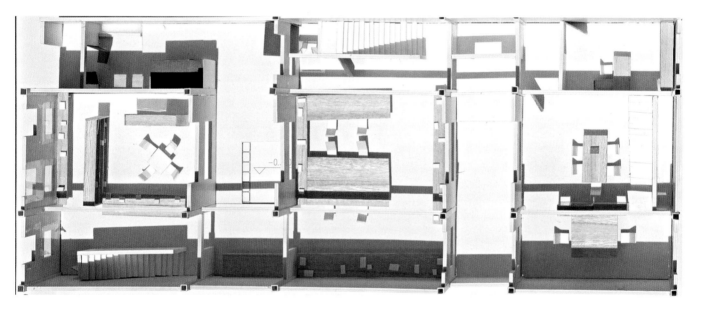

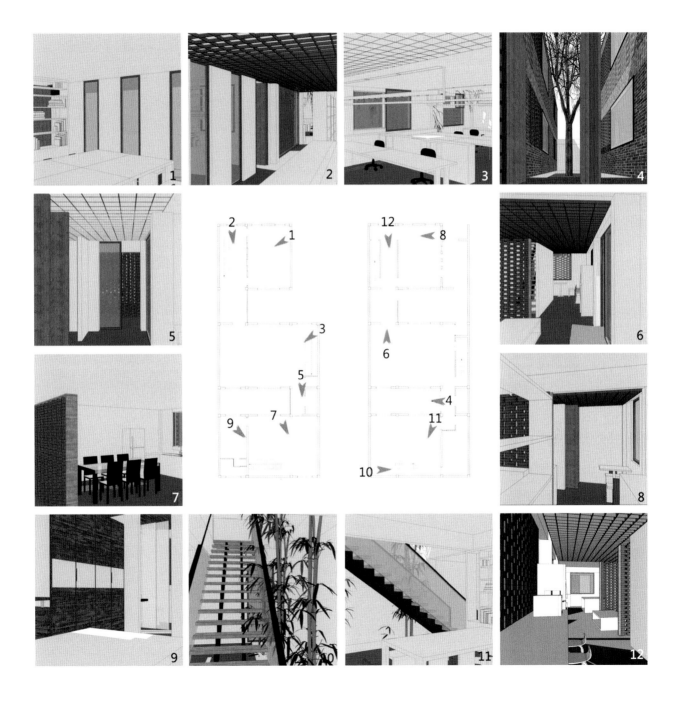

南京老城南升州路北侧评事街至大板巷段、评事街两侧的更新改造设计研究
Renovation from the North Side of Shengzhou Road to Daban Lane and Both Sides of Pingshi Lane

指导教师：张雷

题目

    南京老城南升州路北侧评事街至大板巷段、评事街两侧更新改造设计研究

课程目标

    课程从"环境""空间""场所"与"建造"等基本的建筑问题出发，要求学生通过对南京老城南城市肌理和建筑类型的分析以及其后功能置换后使用空间的重新划分，从建筑与基地、空间与活动、材料与实施等关系入手，将问题的分析理解与专业化的表达相结合，达到对建筑设计过程与设计方法的基本认识与理解。

研究主题

    建筑类型 / 空间再划分 / 建筑更新 / 建造逻辑

设计内容

    对老城南升州路北侧评事街至大板巷段、评事街两侧进行调研，结合该区域的改造规划，每组选择一个区域，每人选择一个院落，通过功能置换和整修改造，使其满足新的使用要求。

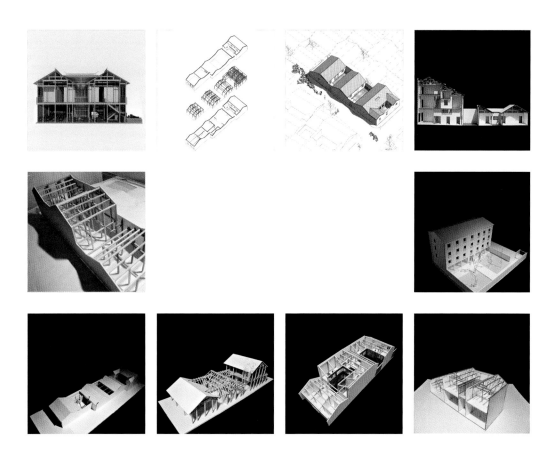

2012 级学生：胡绮玭 杨灿 曹永山 王凯 耿健 王彬 韩艺宽 林肖寅 周青 孙燕 余露 王旭静 赵书艺

2013 级学生：曹政 季萍 贾江南 刘莹 柳筱娴 施伟 王晗 王倩 徐婉迪 张楠 陈观兴 黄龙辉 姜伟杰
           毛军列 孟文儒 许伯晗 许骏

01 南京老城南升州路北侧评事街至大板巷段、评事街两侧的更新改造设计研究 2012

Renovation from the North Side of Shengzhou Road to Daban Lane and Both Sides of Pingshi Lane

学生：胡绮玭　杨灿

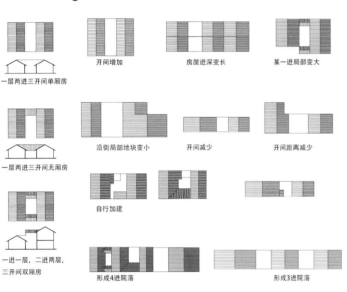

一层两进三开间单厢房　　开间增加　　房屋进深变长　　某一进局部变大

一层两进三开间无厢房　　沿街局部地块变小　　开间减少　　开间距离减少

自行加建

一进一层，二进两层，
三开间双厢房　　形成4进院落　　形成3进院落

本次调研的基地位于老城南评事街的东侧，毗邻甘熙故居，是南京老城南肌理保存较为良好的区域。规划中评事街被定位为次级文化展示轴线，评事街是其中非常重要的一条商业街，从古至今有不少名人故居，也有不少传统的老店。

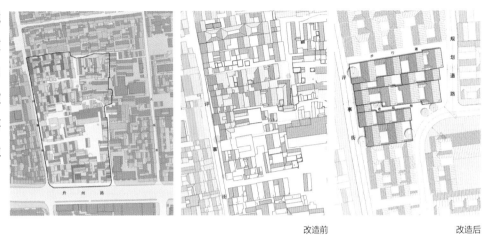

改造前 改造后

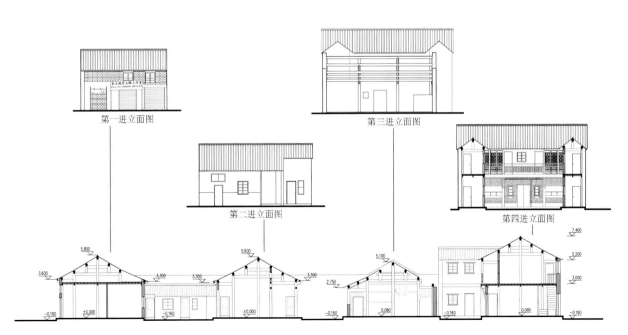

第一进立面图

第三进立面图

第二进立面图

第四进立面图

院落现状

肌理整治

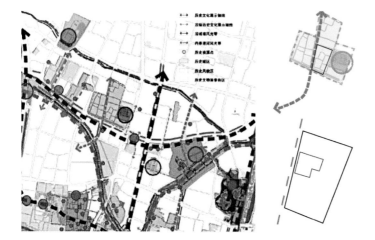

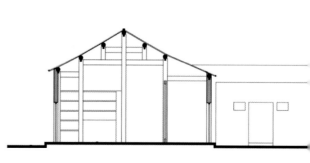

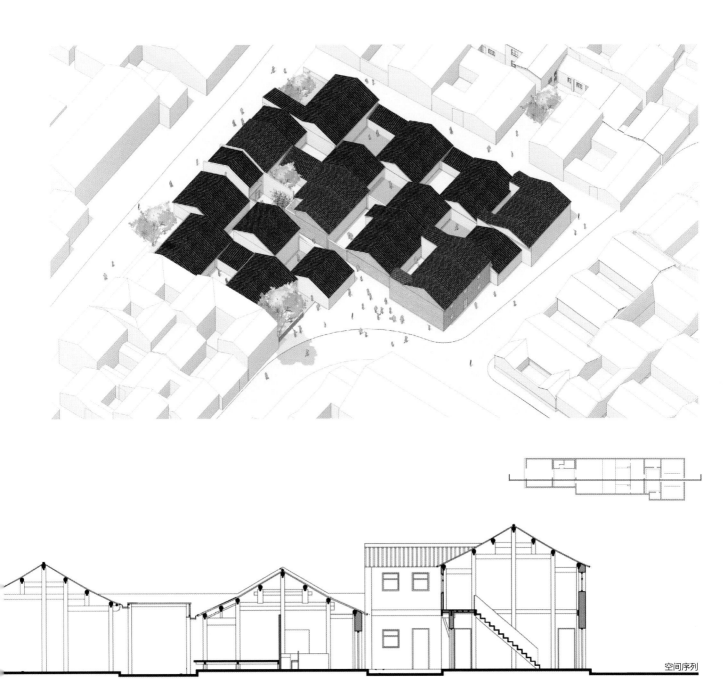

空间序列

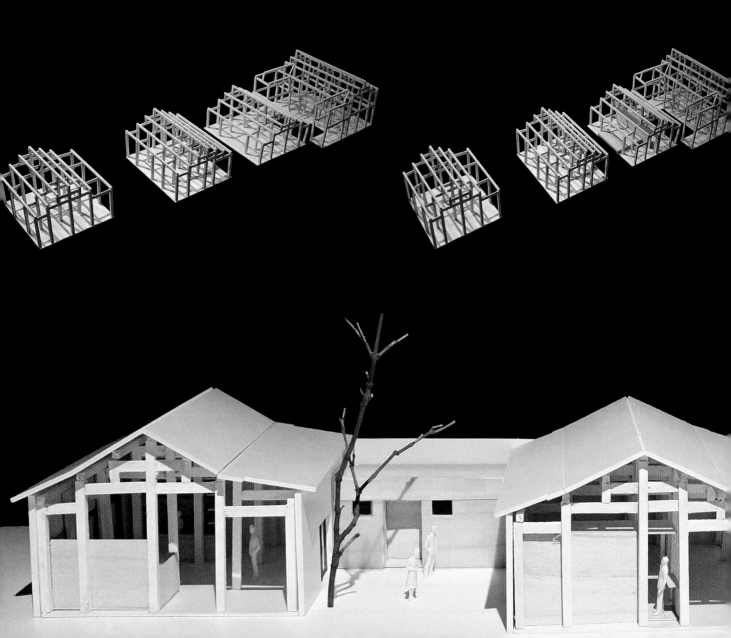

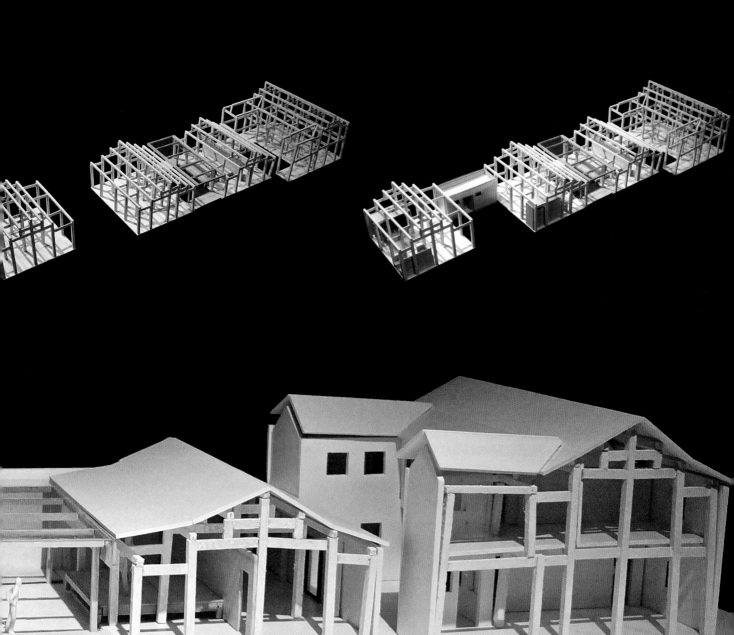

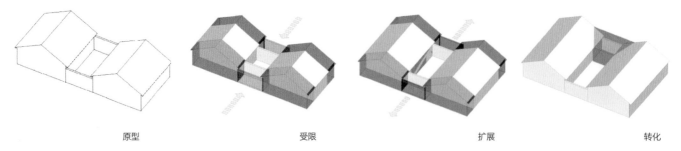

原型 受限 扩展 转化

保持进深 8.1m 不变，依据地形增减开间，依据原有肌理增减厢房。

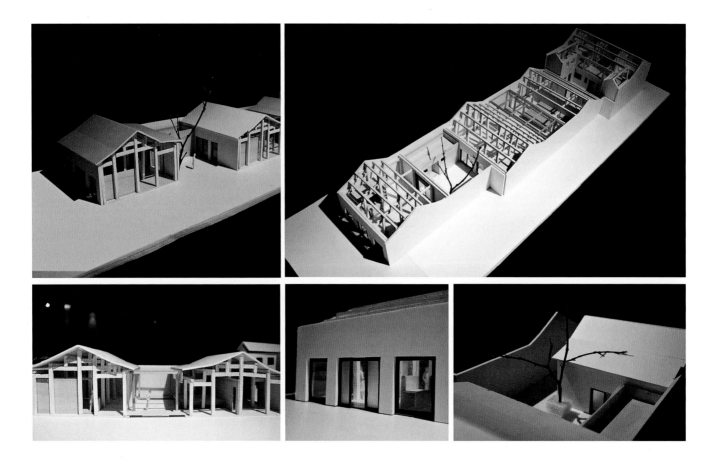

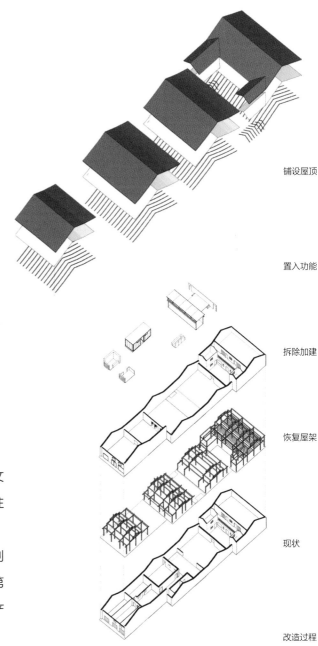

铺设屋顶

置入功能

拆除加建

恢复屋架

现状

改造过程

我们经调研得知，昆曲是这一带非常重要的非物质文化遗产，并且现存状况良好，评事街更曾是汤显祖曾经居住的地方。设计方案中，将昆曲文化的传承与商业结合起来，定位为昆曲传习所。我们选择的院落为评事街48号，计划在破损的第三进院落中置入新的戏台，并且将第二进和第三进结合成一个观演空间，使的建筑和新的戏台之间产生微妙的反应。

观演模式

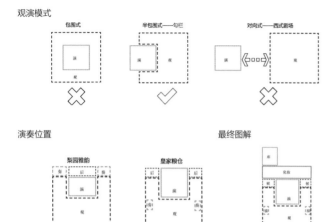

演奏位置　　　　　　　　最终图解

中国传统戏剧演出时，演员与观众的关系近，能及时从观众那里得到反馈，传统剧场常常与其他社会活动空间结合在一起，杂糅其他日常生活（喝茶、聚会、祭拜、庆祝等）。因此观演模式选择半包围式，同时使奏乐成为观赏的一部分，效果最佳。

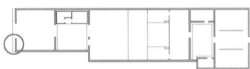

1. 屋顶做法:

青瓦

灰泥

1∶3 水泥砂浆找平

保温层

1∶30 水泥砂浆

木椽

木檩

2. 墙身做法:

10mm 厚水泥砂浆抹平

30mm 厚聚苯板保温

10mm 厚水泥砂浆找平

240mm 厚砖墙

纸筋灰抹面

3. 双层玻璃

8mm 厚钢化玻璃

10mm 厚空腔

8mm 厚钢化玻璃

4. 地坪做法:

10mm 厚预制水磨

30mm 厚干硬性砂券

60mm 厚保温层

防水层

80mm 厚混凝土层

素土夯实

5. 散水做法:

80mm 厚 CI0 混凝土

三合土垫层

素土夯实

6. 防潮层

7. 沥青麻丝

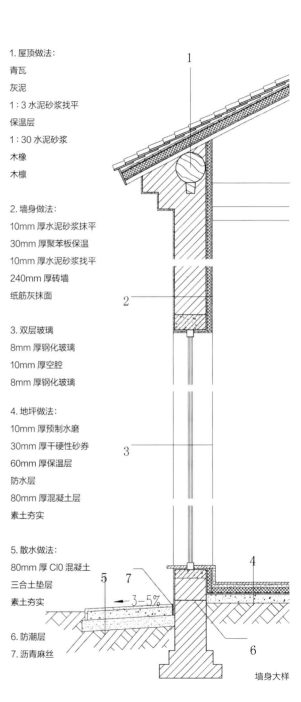

墙身大样

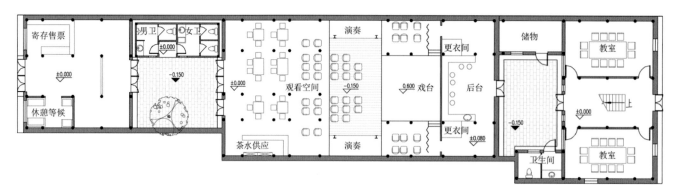

改造后

改造前

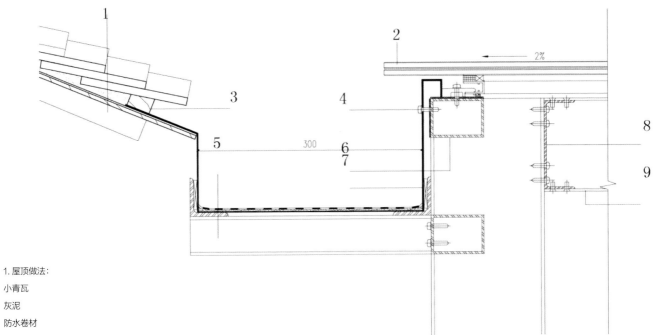

1. 屋顶做法:

小青瓦

灰泥

防水卷材

15mm 厚水望板

椽子

2.6mm+1.14PVB+6mm 双钢化

夹胶玻璃

3. 木垫块

4. 圆头钻尾自攻钉 M5×25mm

2mm 厚橡胶垫片

铝合金压块 H1945

5. 檐沟做法:

卷材防水层

1：25 砂浆找坡

1.5mm 镶锌薄钢板

L50×5mm 角钢

70×50×3mm 方钢管

6. 钢管横梁 70×50×3mm

7. 垫块

8. 热镀锌 U 型钢连接件

9. 钢管横梁 120×60×4mm

老南京檐沟传统做法

鄂尔多斯东胜区林荫路幼儿园设计
Kindgarten Design in Linyin Road, Dongsheng District, Ordos

指导教师：傅筱

教学目的

　　课程从"空间""场所"与"建造"等建筑的基本问题出发，通过幼儿园设计，着重训练学生对建筑与基地、空间与行为等关系的认知，从而加深其对建筑设计过程与设计方法的基本认识。

研究主题

建筑形态与周边环境/空间构成与行为模式

设计内容

在老城区设计一个9班幼儿园

项目地点

鄂尔多斯东胜区林荫路

教学过程

第1周：布置任务，分析场地，收集资料，拟任务书。

第2周：讨论分析报告和任务书，并提交分析报告和场地模型。

第3—6周：组织空间与行为，构思、讨论，形成解决方案，以单体工作草模和PPT为基础进行研究讨论。这阶段的图纸表达形式强调概念表达。

第7—8周：设计研究与表达。完成设计文件，包含一个表达设计概念的1：20外墙大样，提交一个1：200单体模型。这阶段的图纸表达形式强调工程表达。

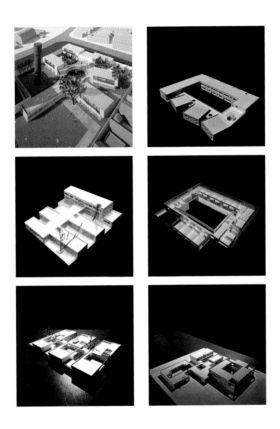

2012 级学生：陈中高　杨柯　范丹丹　黄一庭　周雨馨　杭晓萌　朱煜　赖友炜　倪绍敏　李政　武苗苗　赵潇欣　胡小敏

01 鄂尔多斯东胜区林荫路幼儿园设计 2012
Kindgarten Design in Linyin Road, Dongsheng District, Ordos

学生：杨柯　陈中高

　　幼儿园基地位于内蒙古鄂尔多斯市，鄂尔多斯属于严寒B地区，年平均气温在5.3℃—8.7℃，平均月最低气温为–10℃至–13℃，四季分明，冬季漫长严寒，夏季短暂炎热，太阳辐射量大，日照丰富。幼儿园基地四周较为杂乱，多为即将拆除的老旧民房。场地内有需要保留的水塔及13棵大树。

走廊室内

公共部分

垂直交通

办公部分

后勤部分

单元部分

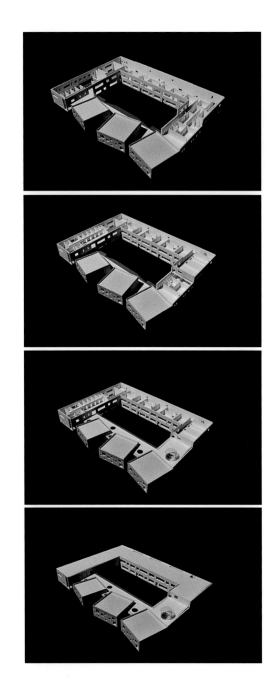

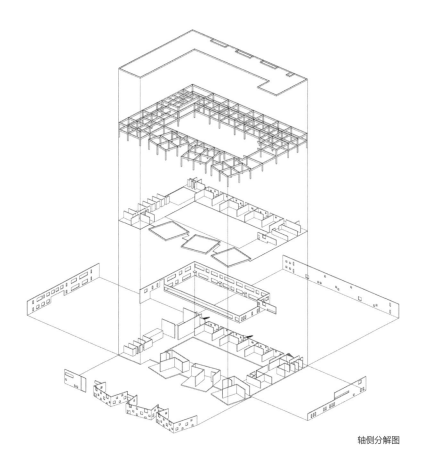

轴侧分解图

设计者在场地中置入L型体量，使场地形成半围合状态，阻隔纷乱的城市空间，形成相对私密并且活跃的内向型空间。再置入另一L型体量，围合形成庭院，同时退让形成南向阳光充足的公共活动广场。南侧置入的三个活动单元，体量规整，造型独特，与南侧公共活动场地相互呼应，同时形成对比。最后将三个盒子进行扭转，活泼建筑形态，呼应南侧的水塔与古树，同时活跃北侧廊道空间。

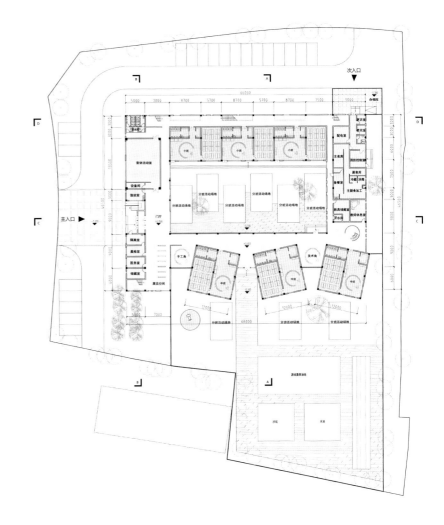

简洁体块呼应城市，阻隔城市影响　　内部围合庭院，退让公共活动场地　　置入三个功能单元，加强公共空间联系　　扭转单元，呼应场地

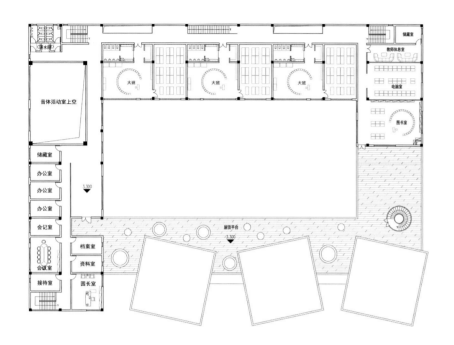

方案从儿童的角度出发，在建筑空间上重视视线的交流与互动，并以基地原有景观要素为基础，为儿童提供了丰富多样的活动场所。建筑立面在保证活动空间足够采光面积的同时也活泼灵动，符合儿童生理及心理需求。

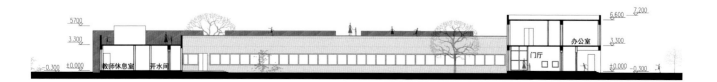

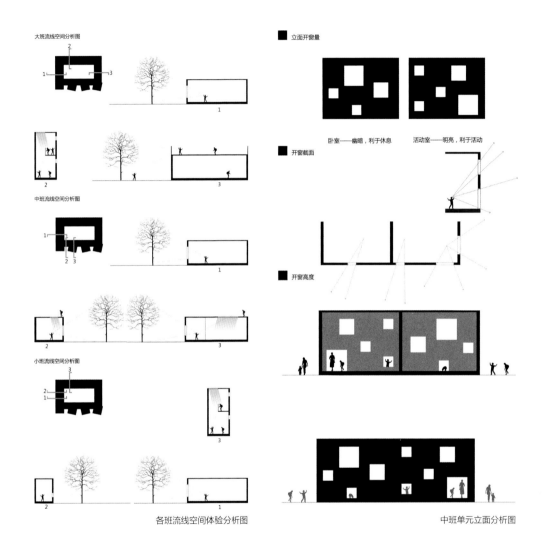

大班流线空间分析图

中班流线空间分析图

小班流线空间分析图

各班流线空间体验分析图

■ 立面开窗量

■ 开窗截面

卧室——幽暗，利于休息   活动室——明亮，利于活动

■ 开窗高度

中班单元立面分析图

南京大学幼儿园设计
Design of Nanjing University Kindergarden

指导教师：傅筱

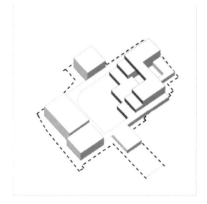

教学目的

　　课程从"空间""场所"与"建造"等建筑的基本问题出发，通过幼儿园设计，着重训练学生对建筑与基地、空间与行为等关系的认知，从而加深其对建筑设计过程与设计方法的基本认识。

研究主题

建筑形态与周边环境／空间构成与行为模式

设计内容

在给定场地设计一个9班幼儿园

项目地点

南京大学

教学过程

第1周：布置任务，分析场地，收集资料，拟任务书。

第2周：讨论分析报告和任务书，并提交分析报告和场地模型。

第3—6周：组织空间与行为，构思、讨论，形成解决方案，以单体工作草模和PPT为基础进行研究讨论。这阶段的图纸表达形式强调概念表达。

第7—8周：设计研究与表达。完成设计文件，包含一个表达设计概念的1：20外墙大样，提交一个1：200单体模型。这阶段的图纸表达形式强调工程表达。

2013 级学生：奥珅颖　赵倩倩　郑金海　戴波　郭瑛　雷冬雪　孙冠成　蒯冰清　徐蕾　王斌鹏　费日晓　周荣楼　刘佳　潘幼建　肖霄　李昭　谭发兵

01 南京大学幼儿园设计 2013
Design of Nanjing University Kindergarden

学生：奥珅颖　赵倩倩　郑金海

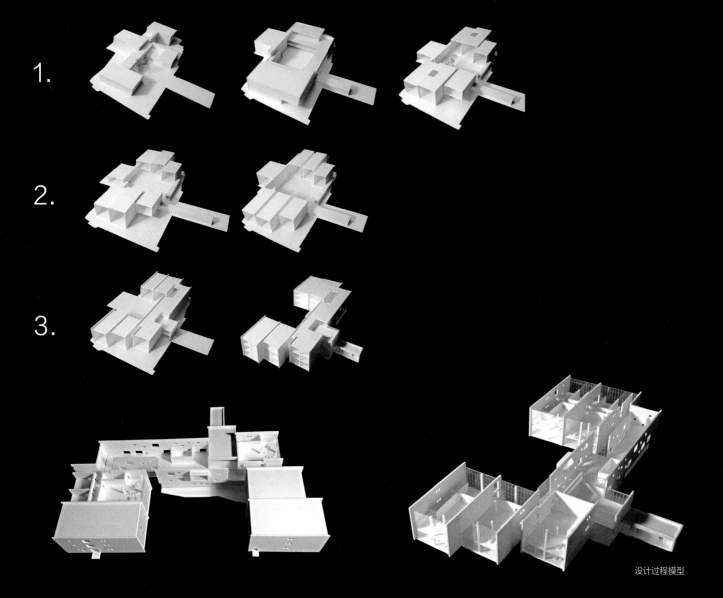

设计过程模型

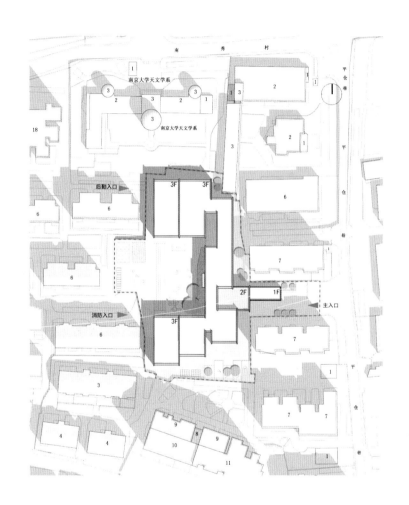

幼儿园基地位于南京大学旁平仓巷以西的住区内，场地较为内向，用地面积紧张。因此本设计在解决日照要求的前提下尽可能多地留出室外场地。基地现有绿化是该设计的重要考虑点，设计中留出中间区域作为完整的活动场地。根据幼儿园使用方面的考虑，设计上力求分区清晰，流线简洁。

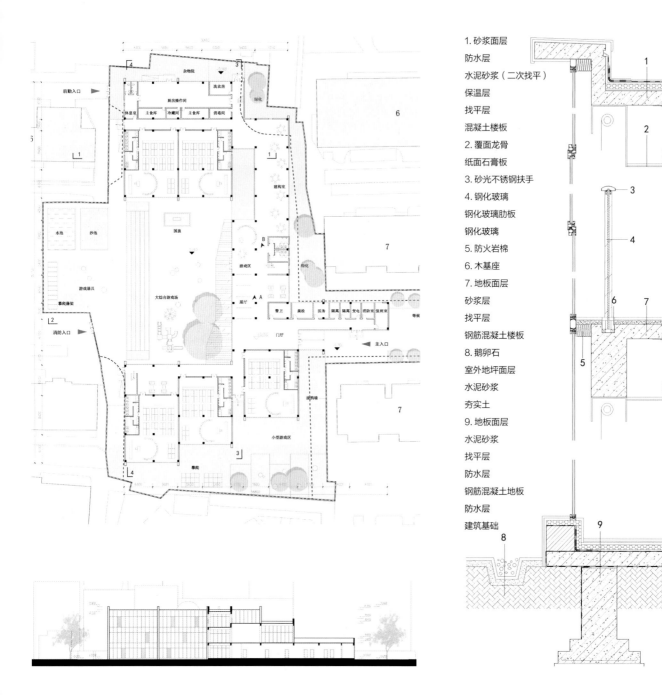

由于幼儿园场地用地比较紧张，所以方案尽可能靠近基地边界布置建筑，这样可以留出比较大而且比较完整的室外场地。设计者综合考虑了各种靠近边界排布建筑的方式之后，选择了较好组织空间、功能的占地方式。

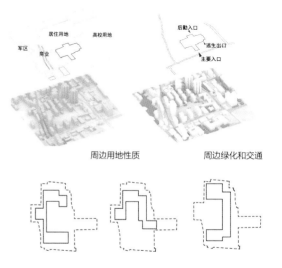

周边用地性质　　　周边绿化和交通

传统乡村聚落复兴研究
Research on the Revival of Traditional Rural Settlements

指导教师: 张雷

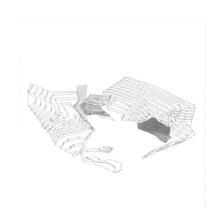

教学目的

  课程从"环境""空间""场所"与"建造"等基本的建筑问题出发, 要求学生对乡村聚落肌理、建筑类型及其生活方式进行分析研究, 通过功能置换后的空间再利用, 从建筑与基地、空间与活动、材料与实施等关系入手, 强化设计问题的分析, 强调准确的专业性表达。学生通过设计训练, 达到对地域文化以及建筑设计过程与方法的基本认识与理解。

设计内容

  对选定的乡村聚落进行调研, 研究功能置换和整修改造的方法和策略, 促进乡村传统村落复兴。

研究主题

  乡土聚落 / 民居类型 / 空间再利用 / 建筑更新 / 建造逻辑

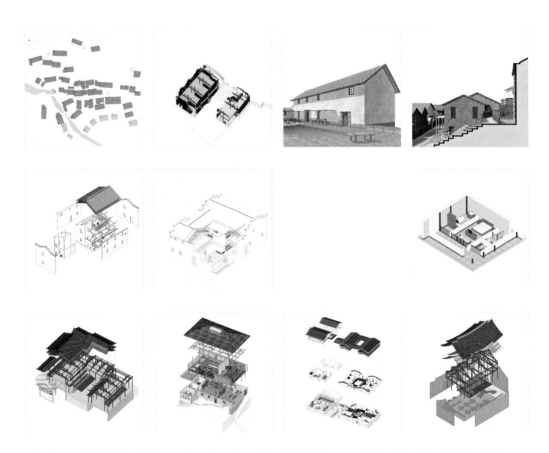

2014 级学生：查新彧　车俊颖　于晓彤　张楠　刘芮　梁耀波　陆扬帆　吴昇奕　徐思恒　徐天驹　张强　胡任元　陈晓敏　廉英豪　骆国建　谭健　徐晏

2015 级学生：拓展　吴结松　张豪杰　冯琪　黄凯峰　周贤春　胡珊　沈珊珊　江振彦　种桂梅　李文凯　刘垄鑫　缪姣姣　谢忠雄　程思远　顾聿笙

2016 级学生：陈思涵　臧倩　于明霞　袁子燕　代晓荣　梁庆华　吴帆　吴峥嵘　王婷婷　王浩哲　王姝宁　王一侬　刘姿佑　熊攀　刘江全　王永

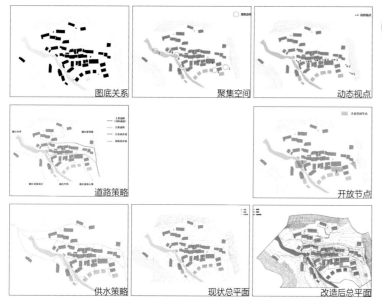

01 戴家山自然村改造设计 2014
Renovation Design of Daijiashan Village

学生：于晓彤　车俊颖　查新彧　刘芮　张楠

图底关系　聚集空间　动态视点　道路策略　开放节点　供水策略　现状总平面　改造后总平面

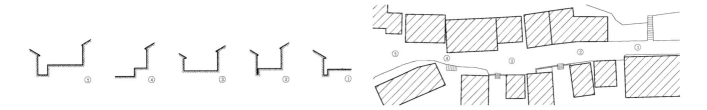

街巷空间现状

设计说明： 方案试图提出"田园里的另一个家"的概念来唤醒城市人对戴家山山水田园生活的好奇与幻想。为将戴家山打造为都市人在田园里的另一个家，此方案将延续戴家山原有的聚落历史与形态，面向2—6人小型家庭，以具有家人间温馨感的分享与体验活动为纽带，创造出以体验式小型商业、住宿、餐饮、休闲、深度旅游等业态为主的畲文化民俗度假村。

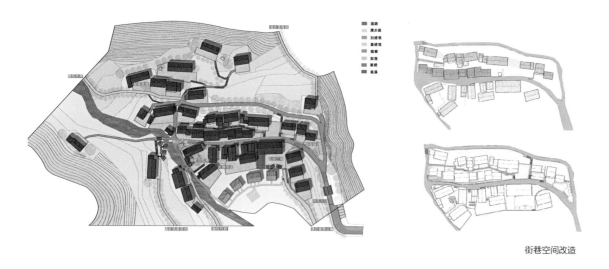

街巷空间改造

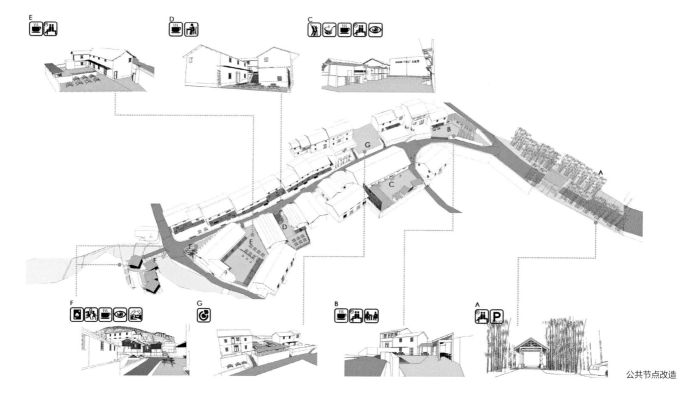

公共节点改造

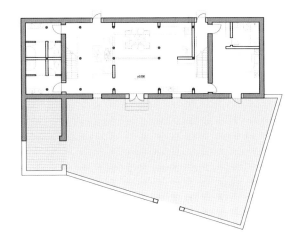

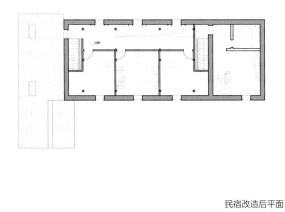

民宿改造后平面

民宿单体改造

先锋书店改造

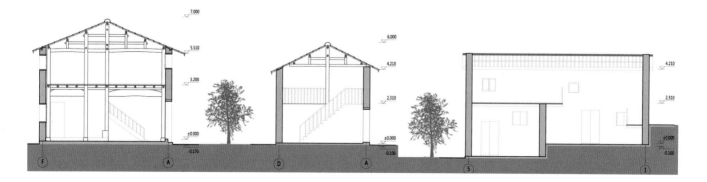

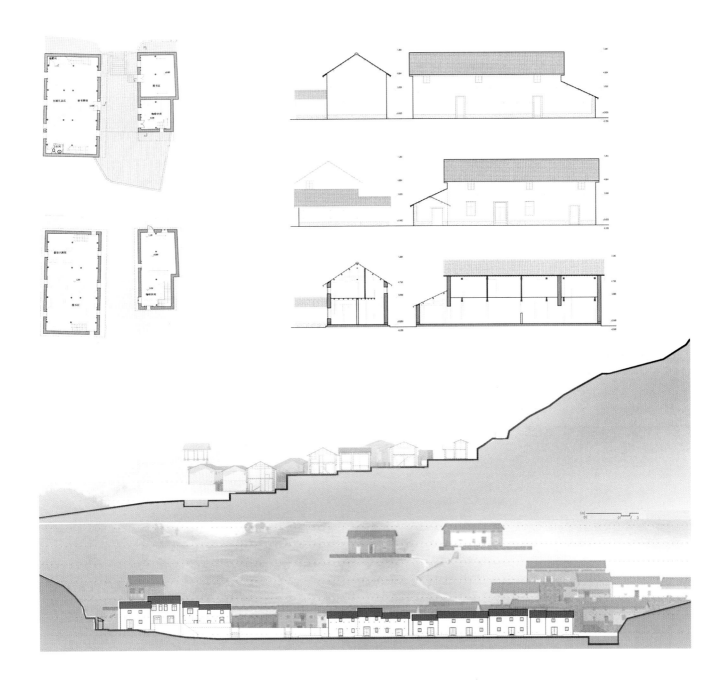

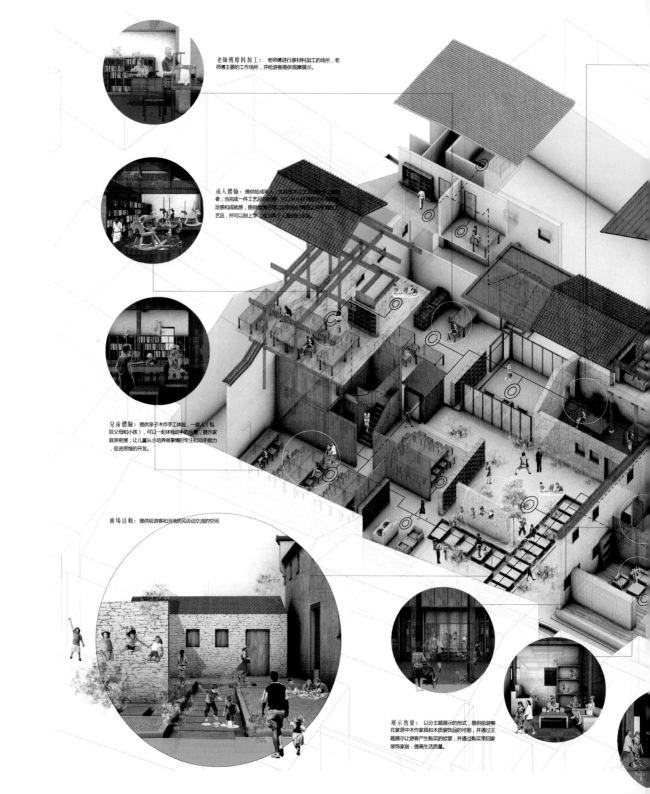

老師傅原料加工: 老师傅进行原材料加工的场所，老师傅主要的工作场所，并给游客提供观摩展示。

成人體驗: 提供给成年人、尤其供木工艺爱好者的手工爱好者，当完成一件工艺品的制作，可以从中获得对木制品的满足感和成就感；提供给游客可以在完成的过程包之内制作的工艺品，并可以刻上字，成为独一人有的纪念品。

兒童體驗: 提供亲子木作手工体验，一家人（包括父母和小孩），可以一起体验动手的乐趣，提升家庭亲密度；让儿童从小培养做事情的专注和动手能力，促进思维的开发。

廣場活動: 提供给游客和当地居民活动交流的空间

展示售賣: 以分主题展示的形式，提供给游客在家居中木作家具和木质装饰品的可能，并通过主题展示让游客产生购买的欲望，并通过购买带回家装饰家居，提高生活质量。

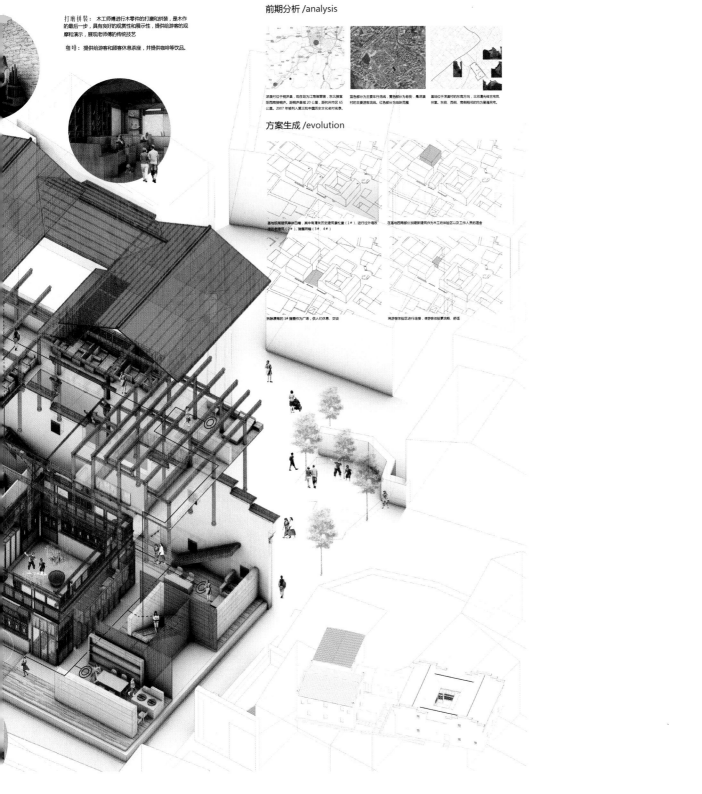

打磨拼装：木工师傅进行木零件的打磨和拼装，是木作的最后一步，具有良好的观赏性和展示性，提供给游客的观摩和演示，展现老师傅的传统技艺

咖啡：提供给游客和顾客休息茶座，并提供咖啡等饮品。

前期分析 /analysis

深澳村位于桐庐县，现在划为江南镇管辖，东北接富阳西南连接桐庐，距桐庐县城 20 公里，距杭州市区 65 公里，2007 年被列入第三批中国历史文化名村名录。

深灰部分为主要车行流线，黄色部分为巷街，离深澳村的主要游客流线。红色部分为地块示范围

基地位于深澳村的东南方向，北侧阳光村古宅风林堂，东街、西街、南街明街的均为普通民宅。

方案生成 /evolution

基地现有建筑单体四幢，其中有清末历史建筑量松堂（1#），进行过外墙改造的老建筑（2#），砖墙两幢（3# 4#）

在基地四周部分加建新建筑作为木工体验区认知以及工作人员的混合功能的建筑

拆除原有的 3# 建筑作为广场，供人们休息、交谈

将游客体验区进行连接，使游客体验更灵敏，舒适

亲子体验木艺　　成人体验木艺　　木艺娱乐体验　　师傅制作木艺　　观看木艺展览　　购买木艺手工品　　茶饮休息

02 深澳古村景松堂地块改造设计 2015
Renovation Design of Jingdsong Hall in Shenao Village

学生：拓展　吴结松　张豪杰　冯琪

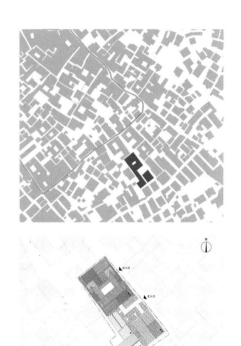

深澳村位于桐庐县，现在划为江南镇辖区，东北接富阳，西南接桐庐。基地位于深澳村的东南方向。基地有清末历史建筑景松堂和进行过外墙改造的老建筑。方案在充分尊重老建筑的基础上对其进行改造。

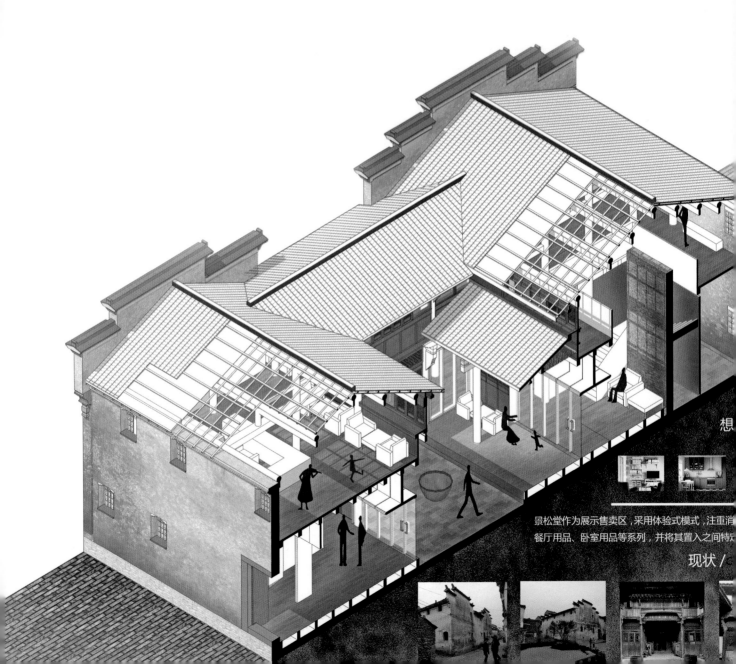

景松堂作为展示售卖区，采用体验式模式，注重消
餐厅用品、卧室用品等系列，并将其置入之间特

现状 /

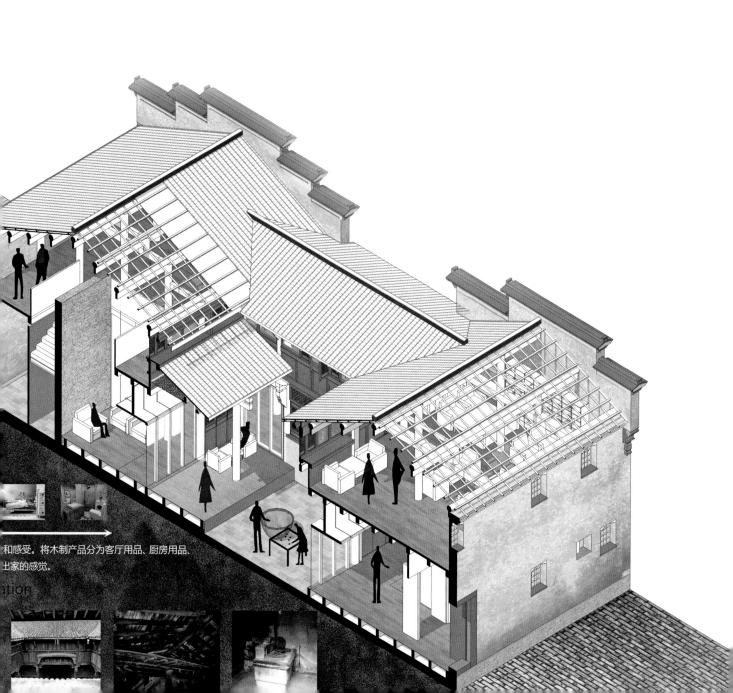

和感受。将木制产品分为客厅用品、厨房用品、
出家的感觉。

tion

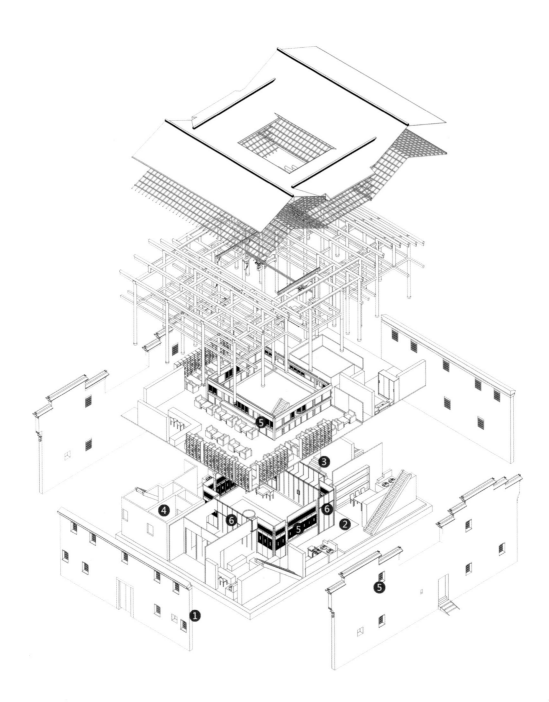

景松堂改造

1. 外墙处理

2. 门槛处理

3. 增设楼梯

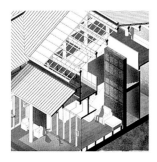 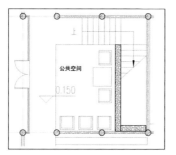

4. 增设卫生间

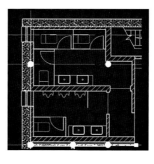 

5. 门窗改造

6. 增设门窗

 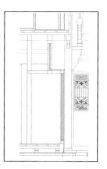 

1. 新增砖墙

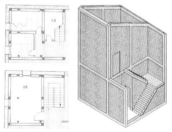

2. 新增木板墙

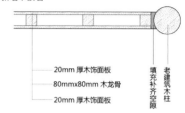

20mm 厚木饰面板
80mm×80mm 木龙骨
20mm 厚木饰面板
填充补齐空隙
老建筑木柱

3. 新铺设木地板

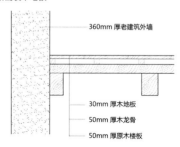

360mm 厚老建筑外墙

30mm 厚木地板
50mm 厚木龙骨
50mm 厚原木楼板

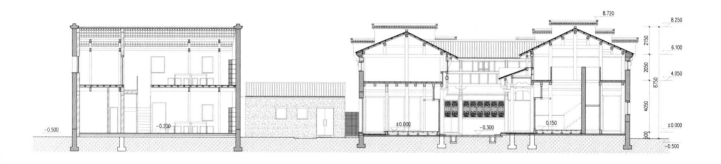

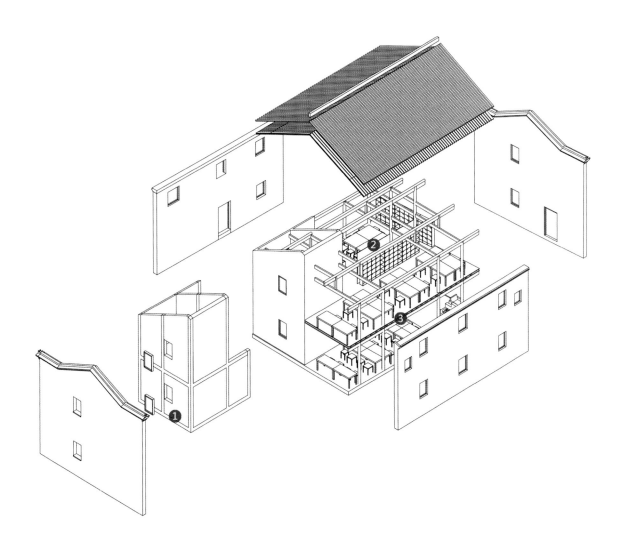

老房子改造

方案在功能改造上遵循尊重老建筑、保留其历史文化性的原则。在基本保留建筑结构及围护系统的基础上，解决新功能置入带来的问题以及室内舒适度问题。通过新加砖墙解决卫生间、仓库辅助功能置入的问题；活动空间通过木板墙进行分割；保留原有木楼板，同时在其上铺设木地板；保留空间中原有的土灶。

西南角加建新建筑。新建筑采用框架结构，形体方正，
与老建筑相协调。新建筑使用坡屋顶，使之便于排水且与老
建筑肌理保持一致。加建部分与保留的西侧猪圈相连接，连
接加建部分为木结构，并对严重破损的屋顶进行翻修。

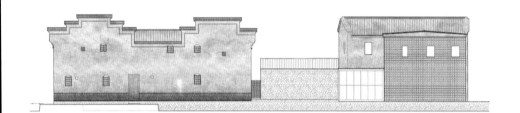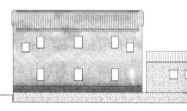

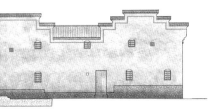

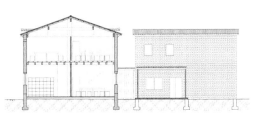

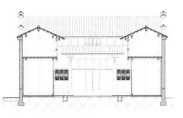

03 丽江大研古镇精品酒店设计 2016
Boutique Hotel Design in the Old Town of Lijiang

学生：熊攀　刘江全　王永

　　该项目位于丽江古城北部，紧靠环古城道路。独具特色的纳西族文化为精品酒店的文化特色定位提供了原始的基调。因此，项目定位为植入东巴文化的精品酒店，如何将纳西族文化融入项目设计的细节成为问题的关键。

次入口▶

主▶

一层平面图 1: 150

本方案主要以丽江传统院落形制—三坊一照壁和四合五天井为院落原型进行组合，形成街一巷一院一房间四个等级的空间组织关系。整体的结构为:主要入口一主轴线一各个院子一客房。不同的空间层次给人带来不同的景观体验。

门斗:
丽江民居的门斗中檐柱与中柱有横向构件连接，且檐柱不落地。

山墙面:
一般可分为三段，下部为毛石墙，中段为抹灰白墙，上部则暴露出山架，并在此开有洞口，白墙收头处会有落鸟台。

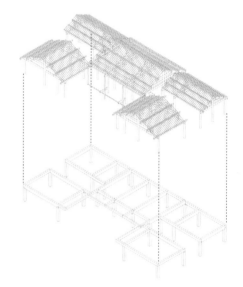

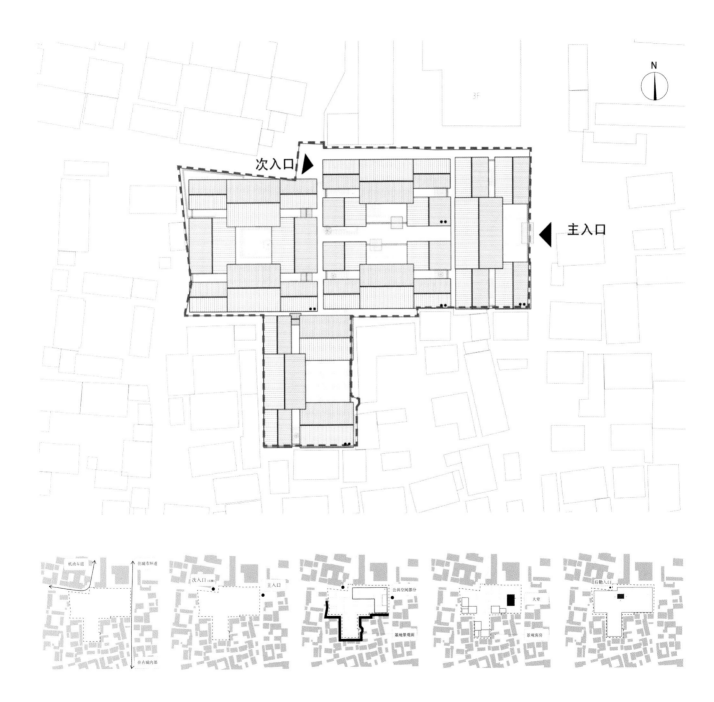

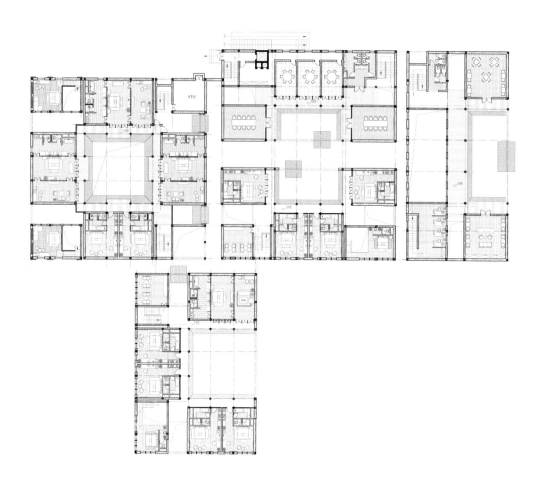

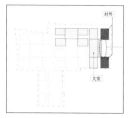

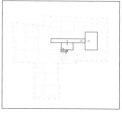

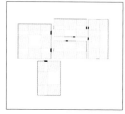

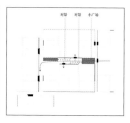

院子与（街巷）的关系，从大堂到各客房，会经过大堂一轴线（街巷）一院子一厦子的空间序列。

东侧的"三坊一照壁"设置为公共部分，其中厢房设置为对外开放，具体功能是酒吧与纪念品销售。

对某一客房的客人来说，客人从大堂到客房的流线，也是从公共到私密的过程，层次逐一展开。

根据流线组织的方式来明确各个出入口处的必要交通空间以及"对景（小黑块为院子的出入口）"。

从大堂出来有个缓冲的小广场，客人可通过街巷到达两侧的院子中，也可以通行至下一个院子。

客房类型及其布置

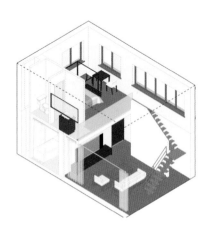

loft 房型 64.7 ㎡

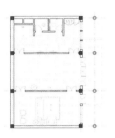

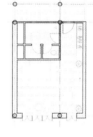

套房 79.6 ㎡

大床房 39.6 ㎡

低龄老年人休闲社区设计
Design of Leisure Community for the Young Elderly

指导教师：张雷

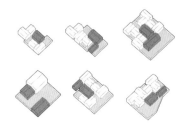

设计基地

溧水李巷村，红色街区西侧居住组团

设计内容及分组

设计内容：策划+规划+建筑设计

分组：4人/组

1.策划：两周（含现场调研一次）

乡村老人社区相关概念案例研究，提出项目设计内容、策略，形成设计任务书

2.规划：两周（含现装资料整理）

2.1对基地范围和村庄的现状分析：空间格局、建筑状况、交通组织、景观要素

2.2规划设计：空间格局、交通组织、景观要素、功能类型及配比、改造更新策略。

3.建筑设计：四周（含最终设计成果汇总），在本组规划中选取两栋建筑，细化建筑设计任务书，深化完成建筑设计方案。

最终成果

每组最终成果包含策划、规划、建筑设计三个阶段成果，整合成全套答辩图版。

第三周课前，完成分组。课上按组汇报初步策划成果，包含项目背景分析和基地现场分析概况。

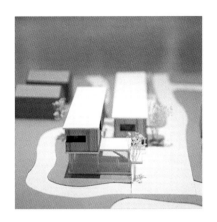
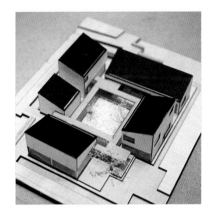

2018 级学生：陈鹏远　孙媛媛　吴慧敏　刘洋　李家祥　李天　李让　郭鑫　李雅　周郅　潮书镛　蒋健　时远　尹子晗

林晨晨　刘颖琦

01 低龄老年人休闲社区设计 2016
Design of Leisure Community for the Young Elderly

学生：时远　尹子晗　林晨晨　刘颖琦

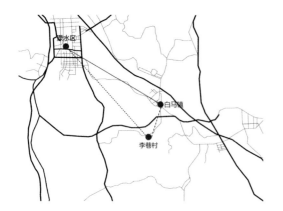

抱团养老，是将有相同兴趣爱好、生活背景或者具有亲戚关系的老人聚集，组成小组团，不同的小组团组成大的组团社区。这使得老年人的养老环境具有家庭的生活感，同时不同的小组团聚在一起形成聚落，使社区生活具有多样性。

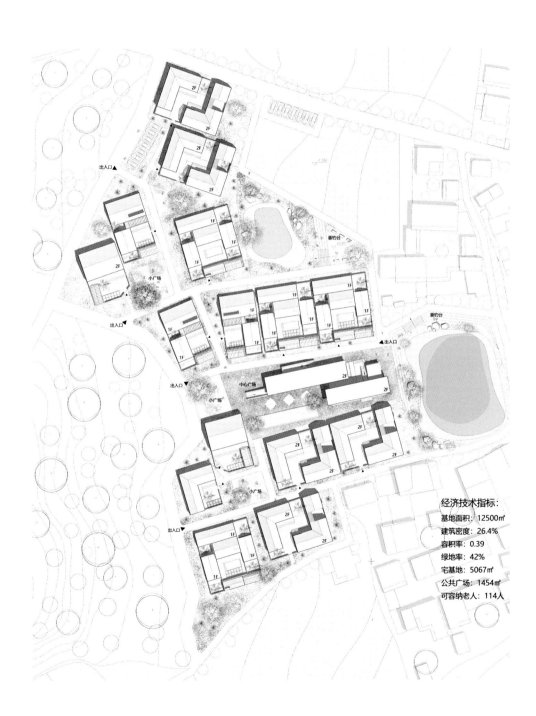

经济技术指标:

基地面积: 12500㎡

建筑密度: 26.4%

容积率: 0.39

绿地率: 42%

宅基地: 5067㎡

公共广场: 1454㎡

可容纳老人: 114人

组团模式的提取

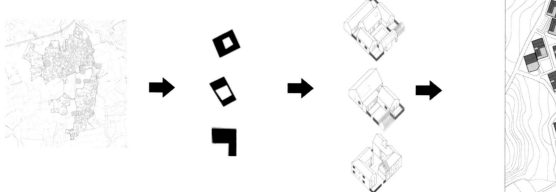 

养老社区在乡村，要符合乡村的风貌。首先要符合乡村的尺度，其次我们提取乡村的院落形式作为养老组团的基本形式。

Texture Analysis
肌理分析
■ 村落肌理
■ 建设红线

Texture Analysis
肌理分析
■ 村落肌理
■ 建设红线

Texture Analysis
肌理分析
■ 村落肌理
■ 建设红线

Texture Analysis
肌理分析
■ 村落肌理
■ 建设红线

Traffic Analysis
交通分析
■ 公路
— 村内硬质路面
— 石板路

Traffic Analysis
交通分析
■ 公路
— 村内硬质路面
— 石板路

Traffic Analysis
交通分析
■ 公路
— 村内硬质路面
— 石板路

Traffic Analysis
交通分析
■ 公路
— 村内硬质路面
— 石板路

社区活动中心设计

咖啡吧室内效果

将周边建筑肌理提取用于公建，设计
建筑与广场。

移动建筑形体，错位空间营造广场和
院落，形成景观视野。

区分主次建筑，主体建筑形成围合空间。

整合建筑，多向通透。

对形体进行推敲，选择平顶。

将一层部分架空，使空间更为轻盈通透。

周边道路的通透性　　　　框架结构的通透性　　　　流线的通透性　　　　视线的通透性　　　　材质的通透性

阅览室室内效果

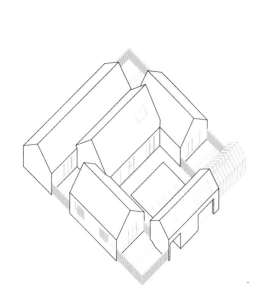

居住单体设计

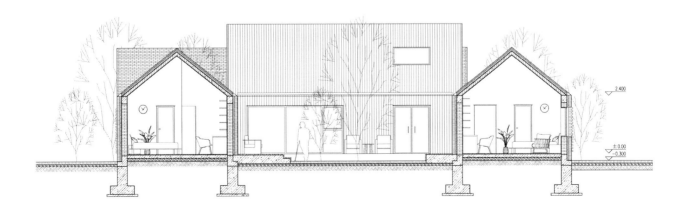

❶ 檐沟构造

❷ 木屋顶屋脊构造

❸ 天沟构造

❹ 混凝土屋脊构造

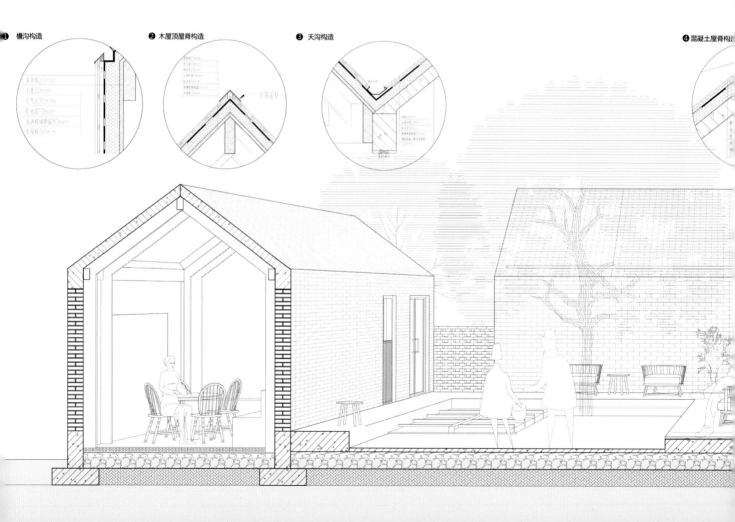

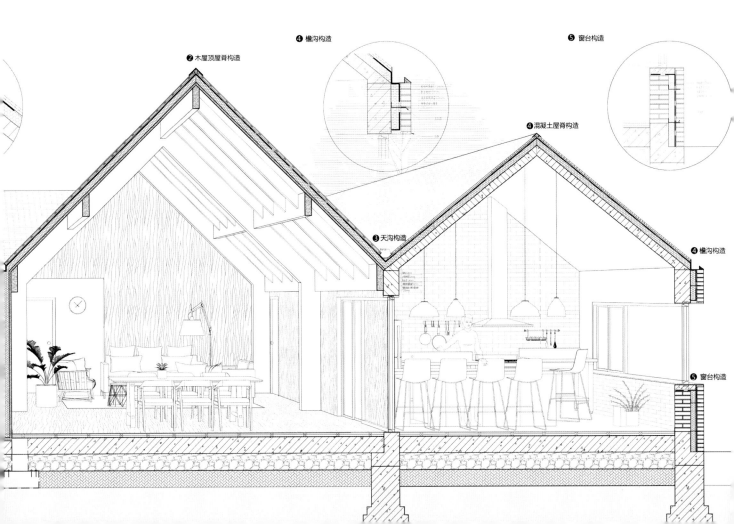

❷ 木屋顶屋脊构造

❹ 檐沟构造

❺ 窗台构造

❺ 混凝土屋脊构造

❸ 天沟构造

❹ 檐沟构造

❺ 窗台构造

一家人的城乡
An Ideal Home for Your Family in a Decaying Village

指导教师：张雷

教学目的

  课程从"环境""空间""场所"与"建造"等基本的建筑问题出发，要求学生对乡村聚落肌理、建筑类型及乡民的生活方式进行分析研究，通过对功能置换后的空间再利用，从城市与乡村、建筑与基地、空间与活动、材料与实施等关系入手，强化设计问题的分析，强调准确的专业性表达。学生通过设计训练，达到对生活方式、地域文化以及建筑设计过程与方法的基本认识与理解。

研究主题

  城乡关系 / 民居类型 / 空间再利用 / 建筑更新 / 建造逻辑

设计内容

  利用闲置资源重建健康老人生活社区，形成有归属感的生活共同体、情感共同体和生产共同体。年轻人在市区工作，老年人在不远处的郊区情归田园，一个大家庭亲密的血缘关系，将城乡空间紧密地联系在一起。

  利用城市近郊空心村一处闲置的农宅，为年迈的爷爷奶奶和退休父母，改造或在原址重建一家人养老的小住宅，改造或重建需符合当地政府农村宅基地使用和建设的相关规定。如果闲置的农宅面积较大、容量许可的话，也可以考虑亲朋好友一起生活，抱团养老。

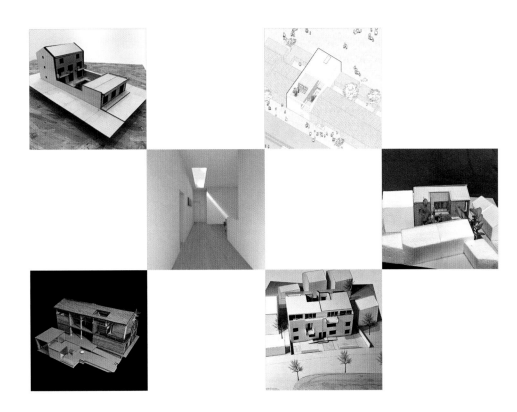

2019 级学生：程绪　王家洲　周诗琪　冯杨帆　史鑫尧　袁琴　况赫　刘贺　谭锦楠　王锴　谭路路　李乐　宋晓宇　王赛施　廖伟平　温琳

01 一家人的城乡 2019
An Ideal Home for Your Family in a Decaying Village

学生：冯杨帆　史鑫尧　袁琴

在本次设计中，考虑到相邻的两块宅基地需要合为一家的诉求，设计团队将东西两面的房子沿着用地红线建在一起，既保证了外观的统一性，又保留了将来兄弟二人分家的可能性，以及建筑面积的均分性。

需要人照顾的老母亲

两块宅基地

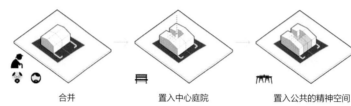

合并　　　　　置入中心庭院　　　　　置入公共的精神空间　　　　　保留将来分家的可能性
　　　　　　　　　　　　　　　　　　（共享餐厨、客厅空间）

"分合"宅概念分析

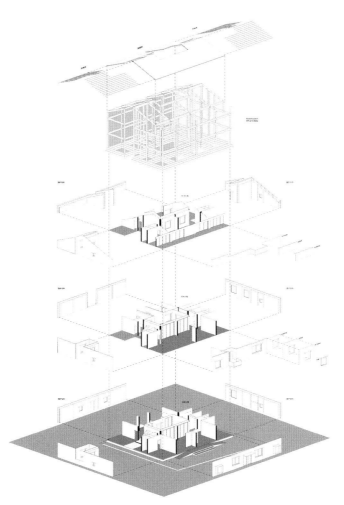

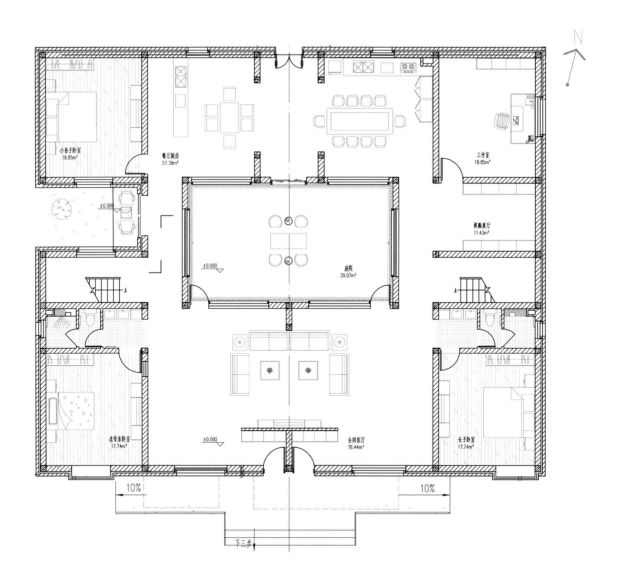

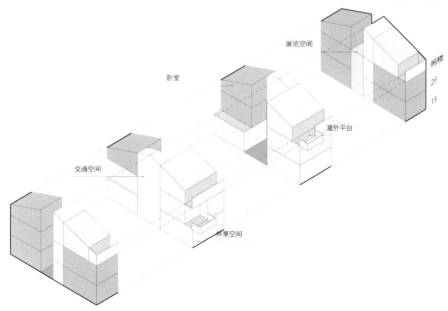

空间模式分析

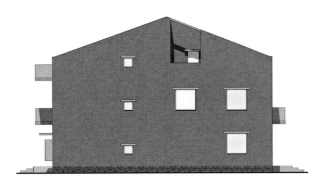

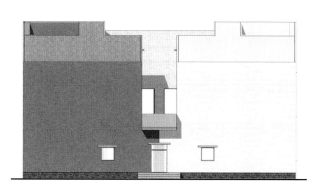
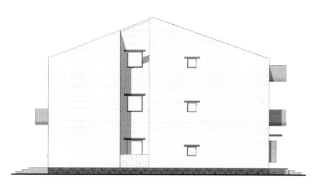

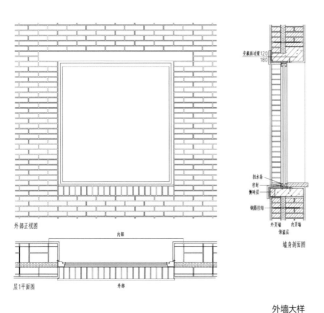

外墙正视图

层1平面图　　　　　　外部
内部

墙身剖面图

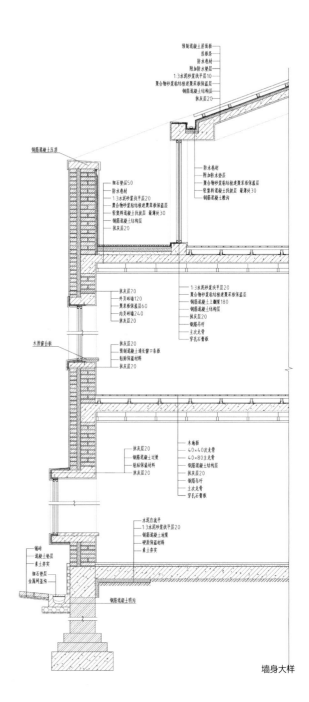

外墙大样　　　　　　　墙身大样

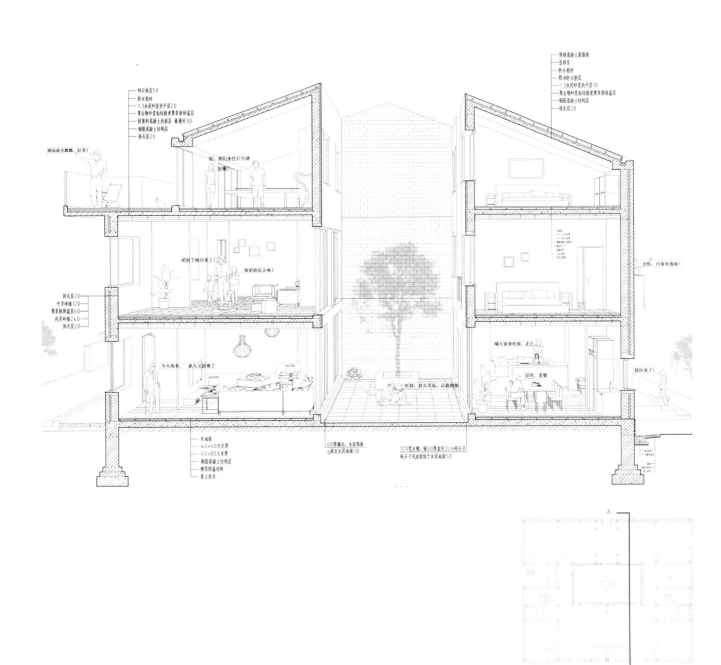

宅基地住宅设计
Homestead Housing Design

指导教师：傅筱

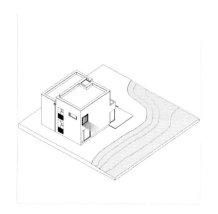

教学目的

　　课程从"场地、功能、行为、结构、经济性"等建筑基本问题出发，通过宅基地住宅设计，训练学生对建筑逻辑性的认知，并让学生理解有品质的设计是以基本问题为基础的。

研究主题

　　设计的逻辑思维

设计内容

　　在A、B两块宅基地内任选一块进行住宅设计。

要求

　　基地位于南京市郊区某村。使用者为一对夫妇，他们有一个四岁的儿子。丈夫为国画家，妻子为全职太太。要求内部布局紧凑经济，使用功能合理，在满足功能需求的前提下，尽量减少面积以节省造价。

可选用结构

　　钢筋混凝土框架结构、砖混结构、轻钢龙骨结构体系、木框架结构体系

2014 级学生: 黄广伟　夏侯蓉　梁万富　王曙光　刘宇　张明杰　宁凯　岳海旭　吴书其　吴婷婷　许文韬　张进　陈曦　刘思彤　陈修远　林治
2015 级学生: 陈立华　陈嘉铮　吕秉田　张靖　宋春亚　邹晓蕾　谢星宇　曹阳　王敏娇　赵婧靓　邵思宇　宋富民　吴松霖　周明辉　杨肇伦　周洋
2016 级学生: 赵霏霏　杨瑞东　从彬　季惠敏　董晶晶　马亚菲　刘宣　吴家禾　蒋玉若　童月清　王丽丽　徐新杉　李鹏程　徐雅甜　裴嘉珺
2017 级学生: 陈安迪　杨华武　刘洋宇　董素宏　曹舒琪　赵中石　夏凡琦　王智伟　郭金未　赵惠惠　何志鹏　孔颖　王坤勇　贺唯嘉　徐瑜灵　杨蕾　刘怡然
刘晓倩　杨淑婷　薛鑫
2018 级学生: 黄瑞安　张涛　林晨晨　孙晓雨　张雅翔　郑航　陈健楠　方园园　林宇　夏心雨　柳妍　李谷羽　刘恺丽　刘伟　刘颖琦
2019 级学生: 岑国桢　郑经纬　卞真　孔严　董青　王子涵　范嫣琳　李心仪　傅婷婷　王新强　谷雨阳　何璇　李芸梦　明文静　张尊　翁昕
2020 级学生: 陈铭行　张塑琪　王琪　王路　胡永裕　于文爽　雷畅　邢雨辰　朱凌云　孙杰　李昂　王瑞蓬　翁鸿祎　袁振香　王译漫　丁嘉欣　吴子豪　罗紫娟
刘亲贤　王明珠　张梦冉

01 宅基地住宅设计 2016
Homestead Housing Design

学生：赵霏霏　杨瑞东

设计说明：设计团队根据宅基地所处环境，为身为国画家的男主人、身为家庭主妇的女主人及他们四岁的儿子做了一个住宅方案。本方案考虑的最核心的问题是如何组织好作为家庭中心的起居室和作为工作中心的画室空间的关系。

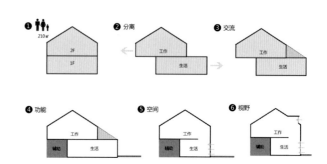

二层：

屋顶搁栅：带有透气腹板的木制工字搁栅

截面尺寸：89x 235mm

墙龙骨：SPF 外墙 38x 140mm，高 2775mm

SPF 内墙 38x 89mm，高 2775mm

间距 600mm

楼板：胶合板 18.5mm 厚

一层：

梁：

层积交合楼面梁

梁截面尺寸：130x 418mm

搁栅：SPF 38x 235mm，间距 600mm

墙龙骨：SPF 外墙 38x 140mm，高 2775mm

SPF 内墙 38x 89mm，高 2775mm

间距 600mm

地基：

基木板方法（搁栅置于地基墙中壁架之上）

搁栅尺寸：38x 235mm

楼板：胶合板 18.5mm 厚

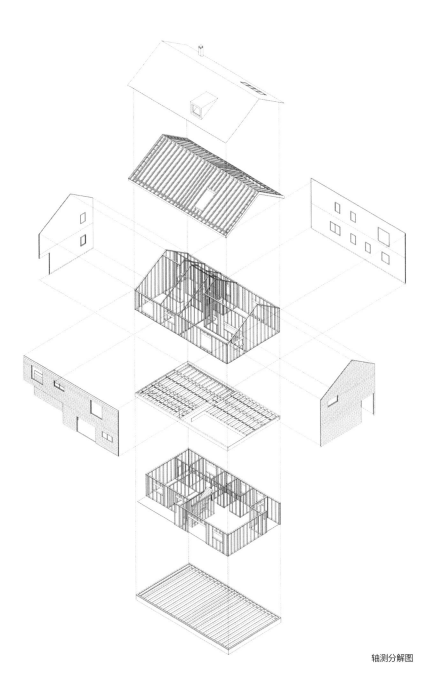

轴测分解图

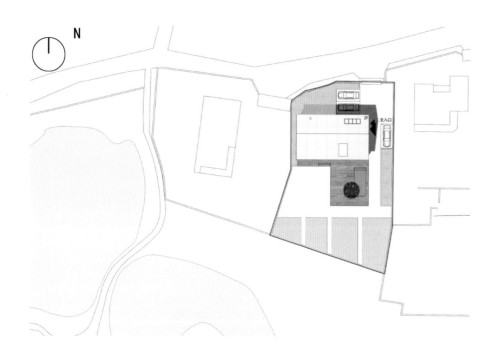

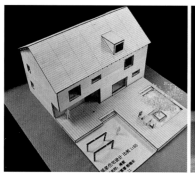

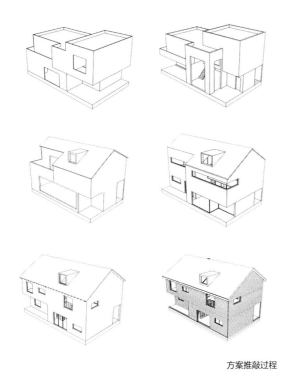

方案推敲过程

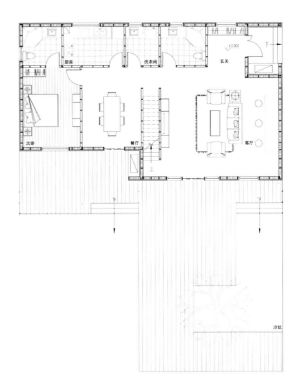

基于本次设计中的"场地""功能""行为""经济性"等原则,设计者将这两个核心空间上下错层布置,形成既相互独立,又能进行视线上的沟通交流的空间。与此同时,将其他功能的房间集中布置于另外一侧,形成紧凑高效的平面布局。

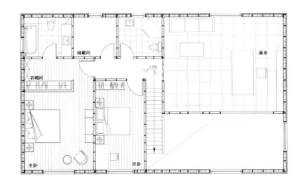

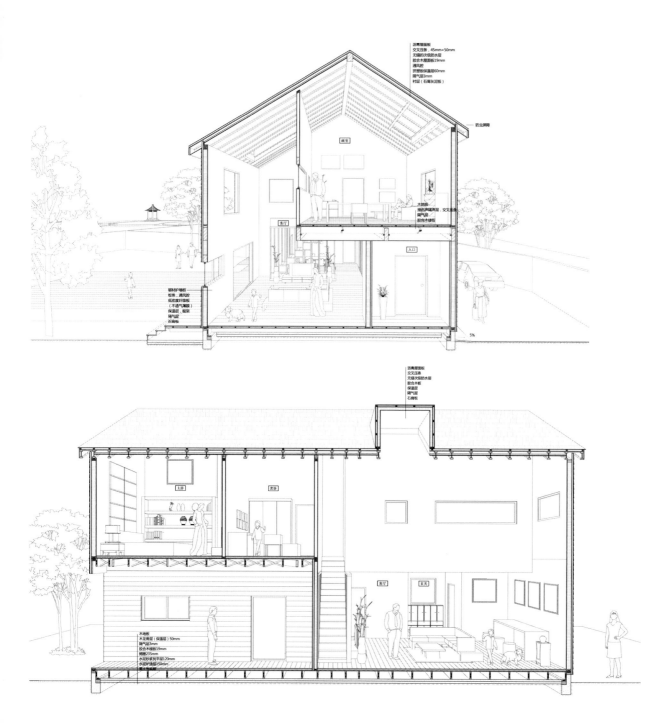

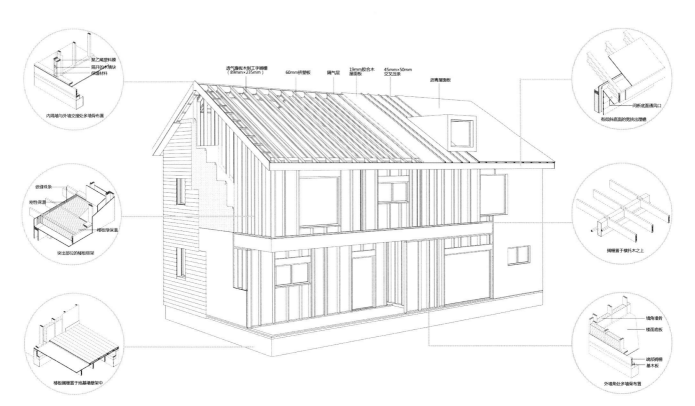

透气瘤板木制工字搁栅
（89mm×235mm）

60mm挤塑板

隔气层

19mm胶合木
屋面板

45mm×50mm
交叉压条

沥青屋面板

聚乙烯塑料檩

隔开的地墙块

保温材料

内隔墙与外墙交接处多墙骨布置

嵌缝珠条

刚性保温

楼板厚保温

突出部位的楼板框架

外楼板搁置于地基墙壁架中

间断底面通风口

有倾斜底面的宽挑出屋檐

搁栅置于横托木之上

墙角墙骨

楼面底板

端部搁栅

基木板

外墙角处多墙骨布置

构造节点

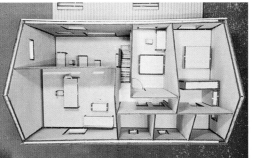

建筑：从满足主要功能房间的舒适性出发，结合主要的景观朝向形成整体布局。建筑中部植入带天窗与侧窗的交通核，活跃空间氛围的同时给予画室和起居室间接采光，避免画室有直射光的干扰，又满足采光的要求。在建筑立面的开窗上在满足基本窗地比的同时尽量朝向景观面开窗，在起居室和主卧开转角窗。画室的空间相对较大，在层高上相对抬高，使空间不至于过于紧凑和压抑。

02宅基地住宅设计 2018
Homestead Housing Design

学生：黄瑞安　张涛

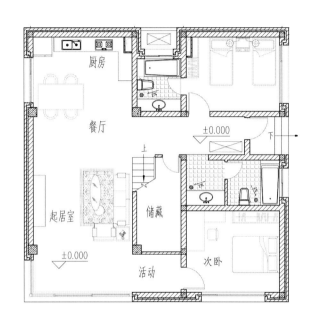

行为： 让孩子拥有开阔的活动空间，让夫妻二人有安静的生活空间和工作空间是设计的初衷。所以将次卧安排在首层，使客厅和庭院都成为孩子的乐园，开放的厨房、画室也可以使父母随时知晓孩子的活动状况和突发情况。而二层的画室和主卧则相对安静私密。

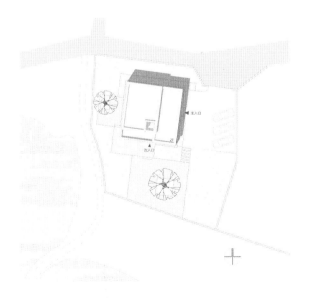

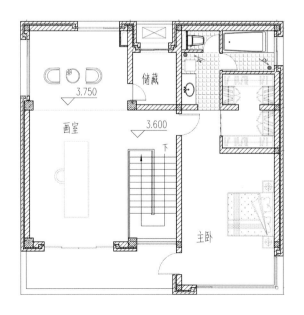

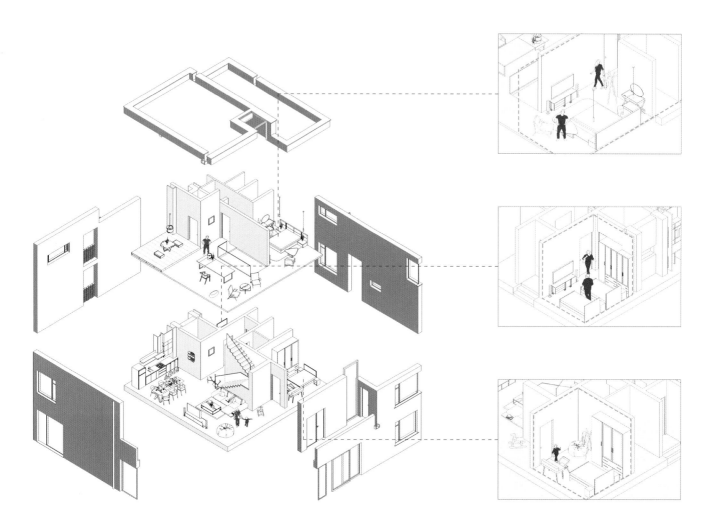

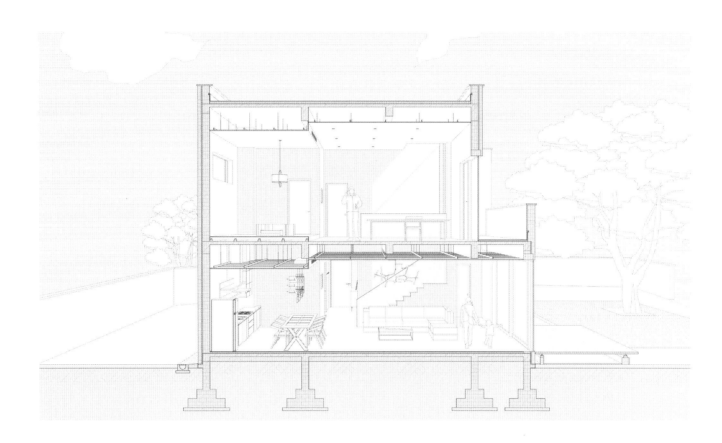

开窗设计

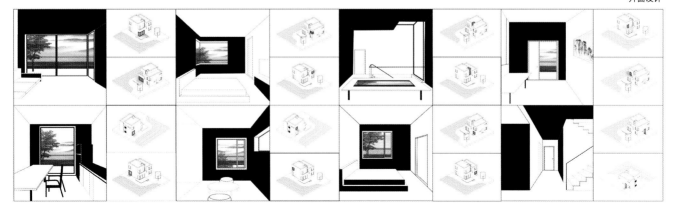

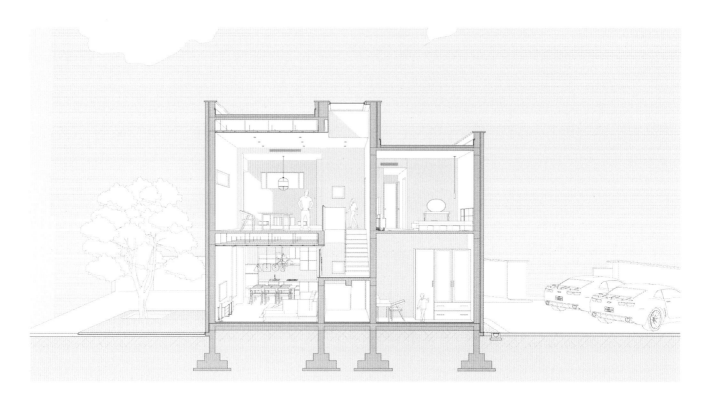

墙下条形基础和底部圈梁

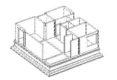

一层砖墙砌筑

一层圈梁和构造柱及二层楼板浇筑

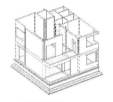

二层砖墙砌筑

二层圈梁和构造柱及顶板的浇筑

外装饰砖墙砌筑

建造过程

结构： 根据砖混结构的受力特点，采用横纵墙承重，在起居室和画室的大空间处采用局部钢筋混凝土框架结构。

场地： 在客厅转角窗外设置露台，使之成为客厅的延伸以及室外庭院和室内主要的活动空间的连接，增加了前院的活力。在此观景、品茗、看孩子在院子里玩耍，使周围的外部环境也成为家的一部分。

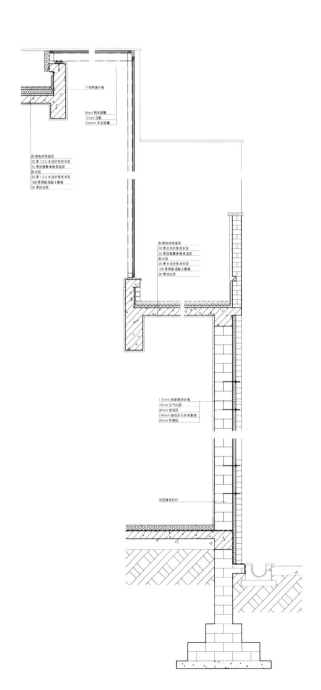

03 宅基地住宅设计 2018
Homestead Housing Design

学生：林晨晨　孙晓雨

设计说明： 在空间上，方案从住户角度出发，重视家人交流及观景需求，设计团队对室内进行了细致的功能划分和家具布置，室外场地的布置也考虑了男女主人与小孩的不同特点。在结构上，方案利用混凝土和钢梁的组合效应，在梯形异型金属板上浇筑混凝土构成带肋板，管道可以在肋间预埋通过。混凝土板与钢梁一起组成组合截面，使整个建筑的结构体系非常简明大气。

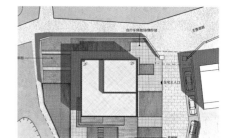

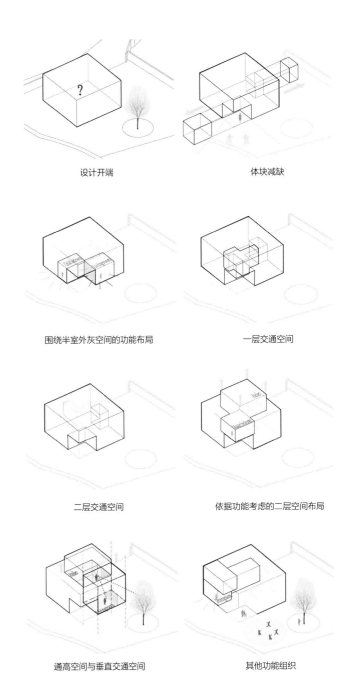

设计开端

体块减缺

围绕半室外灰空间的功能布局

一层交通空间

二层交通空间

依据功能考虑的二层空间布局

方案充分利用宅基地范围，为呼应场地西南方位的主要景观面，将一层西南角打通。东侧靠近宅基地入口，将其设计为凹形入口。围绕着西南角灰空间，将客厅和次卧布置于景观面，其余房间按照功能排布。二层依据画室面积和层高要求，将画室放置于二层东北角，与一层客厅形成视线交流。

通高空间与垂直交通空间

其他功能组织

　　方案在私密性上考虑东面住宅对设计的影响，可通过绿化树木进行视线阻隔；宅基地建筑基底面积为11.4×11.4m，建筑立面和室内空间不宜做过多变化；景观面考虑西南两面景观对设计的影响、休闲空间的摆放位置和灰空间的设计；北布局考虑其未来的功能空间，厨房、储藏室、卫生间、交通空间，再者考虑衣帽间、客卧。

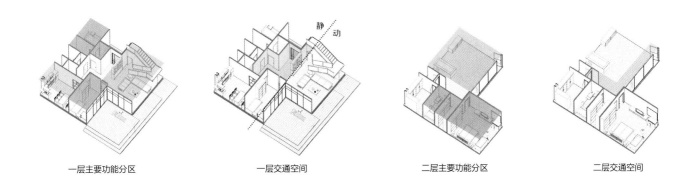

一层主要功能分区　　　　一层交通空间　　　　二层主要功能分区　　　　二层交通空间

1. 40mm 厚黑色石材铺面
   防水卷材
   10mm 厚低强度等级砂浆隔离层
   20mm 厚1:3 水泥砂浆找平层
   35mm 厚保温层
   75mm 厚钢筋混凝土盖板
   100mm 厚梯形异型金属板

2. 10mm 厚白色抹灰砂浆饰面
   40mm 厚钢筋混凝土
   40mm 厚连接钢筋及保温层
   50mm 厚钢筋混凝土
   20mm 厚落叶松木饰面板

3. 固定双层玻璃窗

4. 20mm 厚室内实木地板
   60mm 厚钢筋混凝土底板

5. 20mm 厚木板
   木板底部龙骨
   细砾石上玄武岩铺路

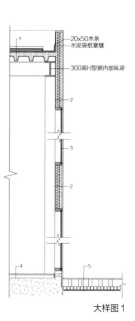

大样图1

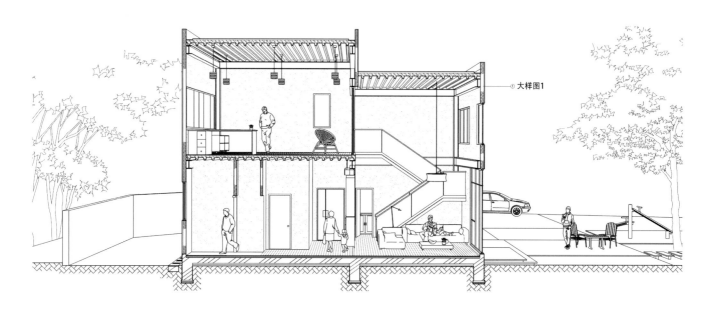

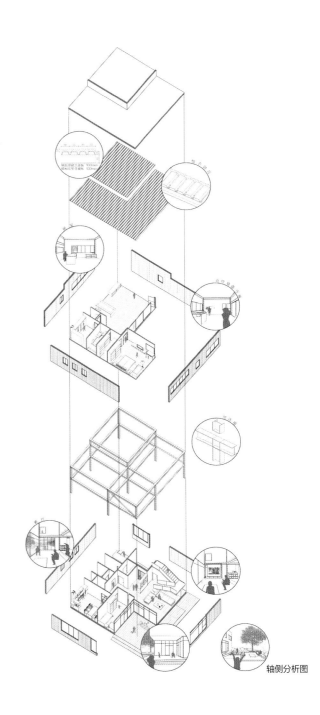

轴侧分析图

04 宅基地住宅设计 2018
Homestead Housing Design

学生：张雅翔　郑航

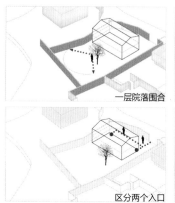

一层院落围合

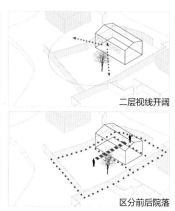

二层视线开阔

区分两个入口

区分前后院落

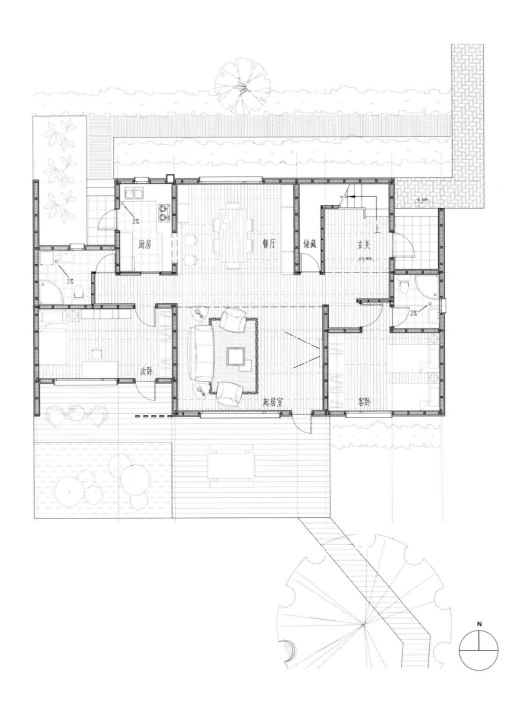

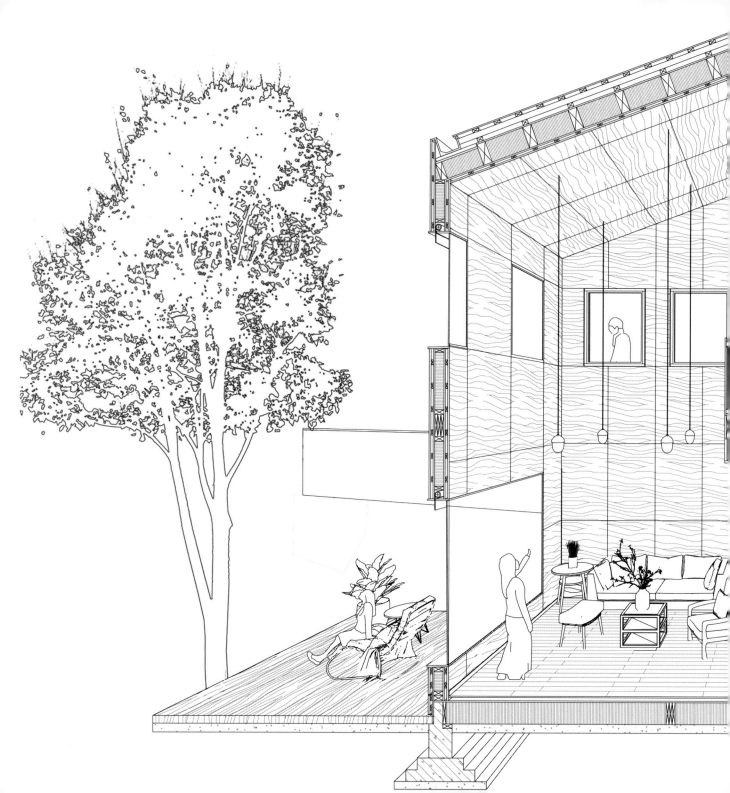

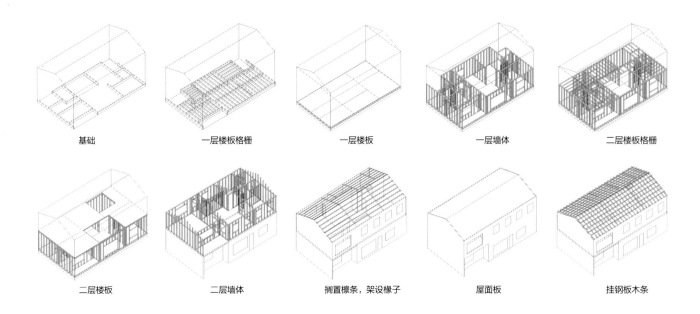

基础

一层楼板格栅

一层楼板

一层墙体

二层楼板格栅

二层楼板

二层墙体

搁置檩条，架设椽子

屋面板

挂钢板木条

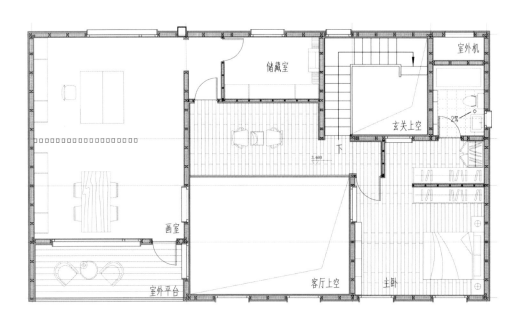

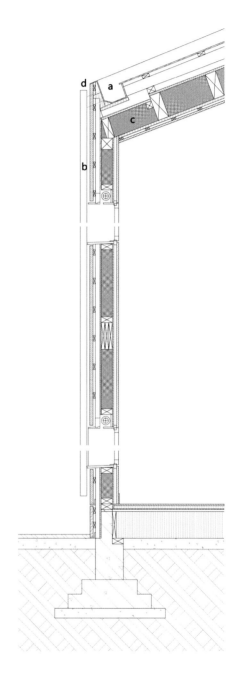

墙体构造：

带接头的垂直板

格栅上的铺板条

交叉压条 | 通风腔

软质板

木板筋、保温层

胶合板

格栅上铺板条

木镶板

屋顶构造：

铜板屋面带双层固定封条压边

沥青油毡

木板

通风腔

沥青浸渍木纤维保温板

结构方木，中间为保温层

胶合板

a）天沟

b）铜质落水管

c）为了安装天沟而变薄的屋面

构件

d）木材覆板一直铺至屋檐与檐

口泛水板的下方，立面通风腔

一直延续到屋面下

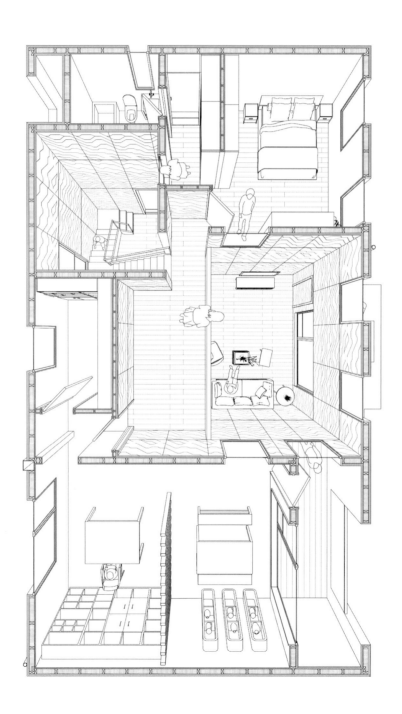

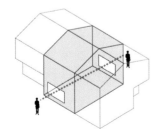

餐厅客厅连通，景观引入

主卧、画室、餐厅分布两侧，视线连通

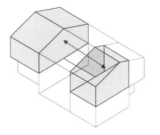

二层增加挑台，作为画室的延伸，连接东西两部分

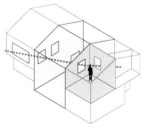

主卧对外透过室外平台看到西侧景观，对内增加与玄关的视线交流

05 宅基地住宅设计 2018
Homestead Housing Design

学生：陈健楠　方园园

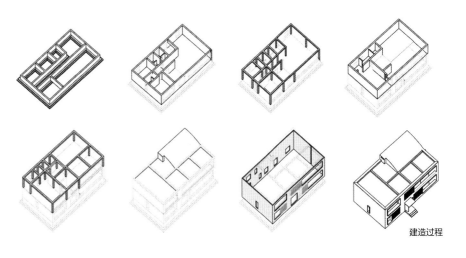

建造过程

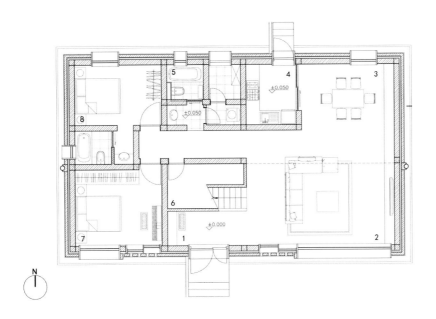

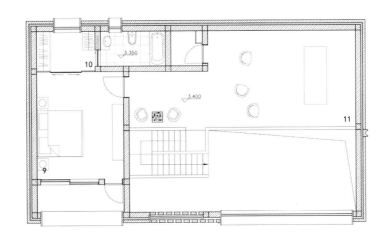

1. 玄关 2. 客厅 3. 餐厅 4. 厨房 5. 公卫（附洗衣房、阳台） 6. 储藏间 7. 次卧 8. 客卧 9. 主卧 10. 更衣间 11. 画室

1. 20mm 砂浆
   隔热层 60mm 矿物棉
   防水层
   20mm 砂浆找平
   变截面钢筋混凝土屋顶

2. 120 砖真层
   40mm 空隙
   隔热层 60mm 矿物棉
   防潮层
   240 烧结砖
   白漆抹面

3. 木地板
   木龙骨
   200mm 钢筋混凝土楼板
   碎石垫层

4. 20mm 砂浆
   隔热层 60mm 矿物棉
   防水层
   20mm 砂浆找平
   变截面钢筋混凝土屋顶

5. 120 砖面层
   40mm 空隙
   隔热层 60mm 矿物棉
   防潮层
   200mm 宽钢筋混凝土过梁
   40mm 面砖
   白漆抹面

6. 木地板
   木龙骨
   200mm 钢筋混凝土楼板
   碎石垫层

7. 人字砖砌铺地
   碎石垫层
   素土夯实

06 宅基地住宅设计 2019
Homestead Housing Design

学生：董青　王子涵

设计说明： 根据宅基地所处环境，为身为国画家的男主人、身为家庭主妇的女主人及他们四岁的儿子做了一个住宅方案。方案以两层通高的画室为核心组织周围空间，形成"回"字型布局，画室西南侧角窗满足画室观景需求，与周围空间互动，为这家人提供了一个有趣味、有创意的居住环境。

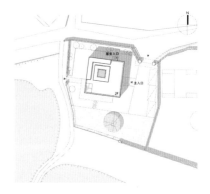

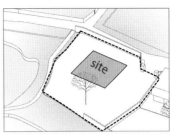

基地西南侧景观要素

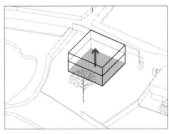

占满基地，竖起两层体量

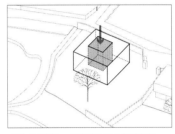

画室内核置入，以画室为核心组织空间

偏心的方形画室将形体分为居住和展览两部分

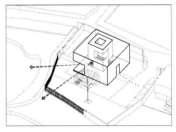

为满足画室观景需求组织流线，角窗呼应景观

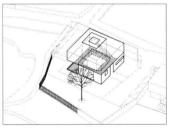

一层回字形通用大空间，便于孩童玩耍

两层通高的画室的置入，使一层空间流动起来，成为通用大空间，为四岁的儿子提供了嬉戏玩乐的天堂，也方便作为家庭主妇的女主人照看。西南侧景观优美，画室西南侧角窗与室内公共空间产生联系，同时也与外界景观产生联系。二层展廊通过高侧窗采光使画廊光线更加柔和，展廊尽头的阳台为观景提供良好视野。

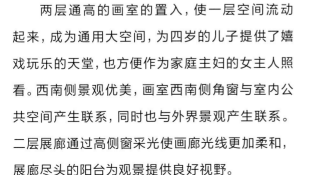

二层展览回廊与画室形成对话

调整、细化形体，生成最终方案形态

方案采用剪力墙体系，使空间与结构的关系更加清晰。画室墙体洁白，其他墙体选用清水混凝土材料，灰色的小模板清水混凝土衬托着画室空间的纯净与安谧，画室采用天窗采光，光线柔和，洞口与一、二层空间均有联系，富有趣味。

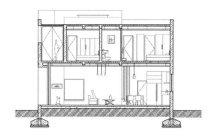
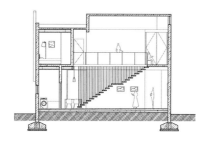
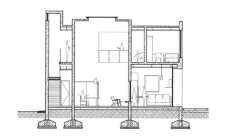

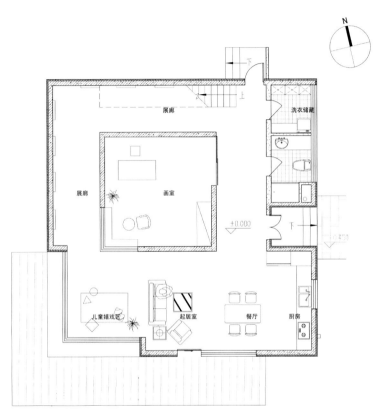

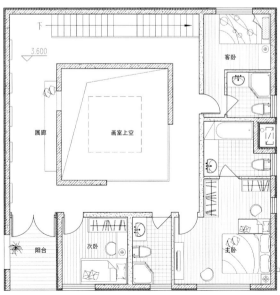

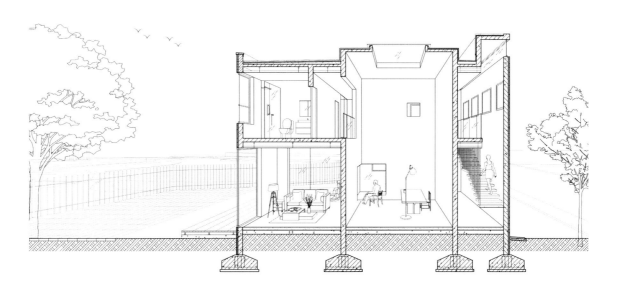

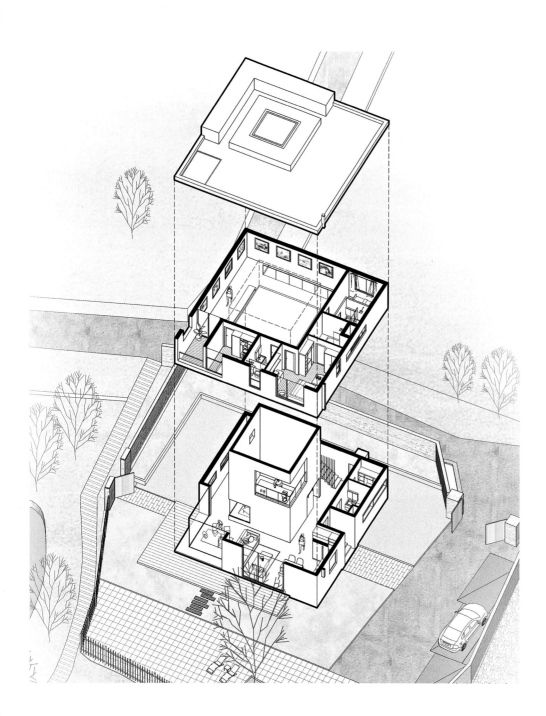

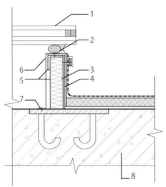

天窗大样:
1. 钢化夹层中空玻璃
2. 密封胶及泡沫棒
3. 保温材料
4. 铝板封边
5. 角钢
6. 镀锌钢衬板
7. 钢埋件
8. 钢筋混凝土楼板

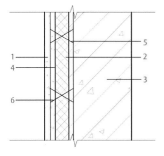

网架复合剪力墙构造:
1. 防护层
2. 保温层
3. 结构层
4. 钢筋焊接网
5. 锚固钢筋焊接网
6. 腹筋

墙身大样:

1. 水泥砂浆保护层
   防水卷材
   20mm 厚1:3 水泥砂浆找平层
   保温层
   轻集料混凝土2% 找坡层
   钢筋混凝土屋面板

2. 6-8mm 厚水泥基自流平
   50mm 厚 C25 细石混凝土
   轻骨料混凝土填充层
   现浇钢筋混凝土楼板

3. 龙骨吊顶
   玻璃纤维吸声板

4. 6-8mm 厚水泥基自流平
   水泥基自流平界面剂
   水泥浆一道
   C15 混凝土垫层
   0.2mm 厚塑料薄膜
   夯实土

5. 木地板
   40×40mm 次龙骨
   40×80mm 主龙骨 @1000
   混凝土垫层
   夯实土

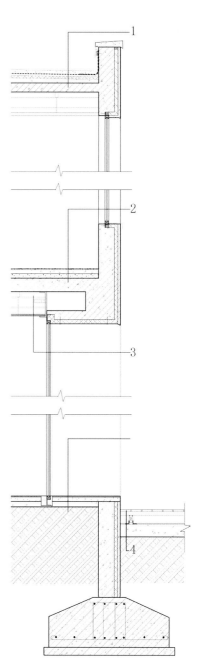

07 宅基地住宅设计 2019
Homestead Housing Design

学生：范嫣琳　李心仪

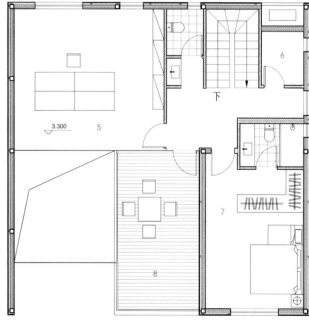

1. 洗衣房　2. 储藏　3. 次卧　4. 客卧　5. 画室　6. 储藏　7. 主卧　8. 露台

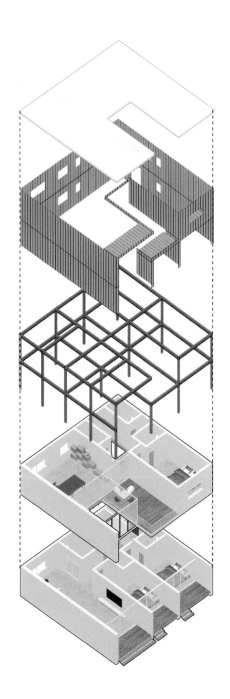

本次设计的题目为画家自宅设计, 方案的重点放在画室空间和日常生活的关系的处理上。在思考了画画需要一个怎样的空间之后, 我们认为艺术和生活的关系应该保持在一种相互分离但又有所联系的状态, 因此把画室放在二楼北侧这个与生活空间有所隔离, 但又能有所观望的位置。画室、起居室、露台空间相互联系但又彼此分离, 画家在画室作画, 远眺田野景色, 景在画上, 画在屋中, 屋在景里。

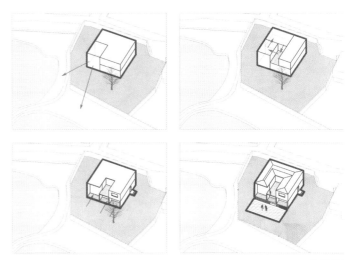

生成过程

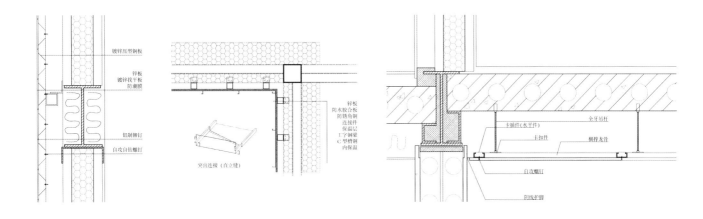

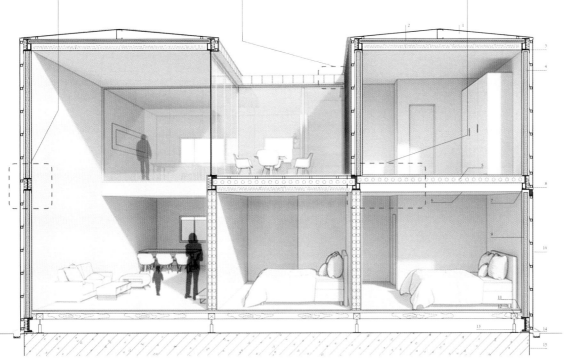

1. 锌板
   沥青防水
   防水胶合板
   砂浆
2. 复合保温屋面板
3. U 型钢板卡子
4. 保温复合板
5. 圆孔楼板
6. 石膏吊顶板
7. 槽钢按设计与
   钢梁焊接
8. 专用胶粘剂
9. 砂浆
10. 锌互锁板
11. 木方
12. 地板木方固定件
13. 地板支座
14. 锌防雨板
15. 防水层

08 宅基地住宅设计 2020
Homestead Housing Design

学生：陈铭行　张塑琪　王琪

　　本次宅基地住宅设计题目中，男主人职业可自行选择。该住宅选址位于南京市郊区某村，丈夫是一个记录田园生活的独立短视频制作者。工作需要在厨房、餐厅、客厅及菜园里进行全景动态摄像，并对拍摄的视频进行剪辑等后期处理。对于居住者而言，工作融于生活。

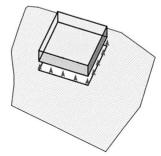

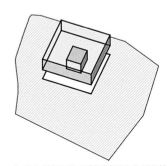

1. 二层架空, 底部打开, 盒子悬在空中, 形成一层开放、二层私密的空间概念。

2. 置入服务功能, 用辅助空间作为核心筒支撑上部空间。

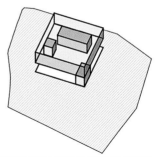

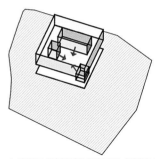

3. 将辅助空间拆成三个核心筒体块, 支撑二层, 一层形成西南向打开的大空间。

4. 底部三个支撑的体量向内退, 形成入口和西侧的半室外空间。

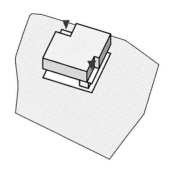

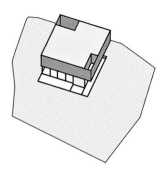

5. 二层形体对角切掉一部分形成露台空间。

6. 二层形体包裹外皮, 保持盒子的整体感。

　　该方案在造型上采用分散核心筒支撑二层的钢结构，一层用楼梯、厕所、储藏间等辅助空间作为三个核心筒进行支撑，外墙材质采用木龙骨挂半透明的阳光板，一层采用大面积玻璃，造型整体下虚上实，用钢结构营造轻盈的感觉。

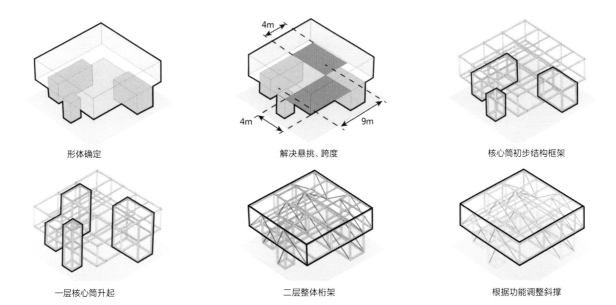

形体确定

解决悬挑、跨度

核心筒初步结构框架

一层核心筒升起

二层整体桁架

根据功能调整斜撑

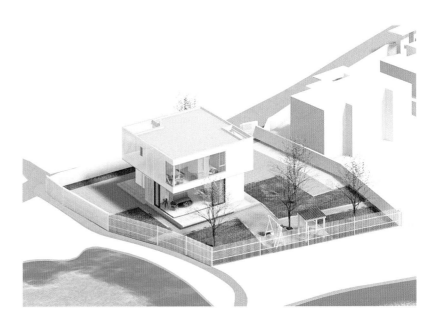

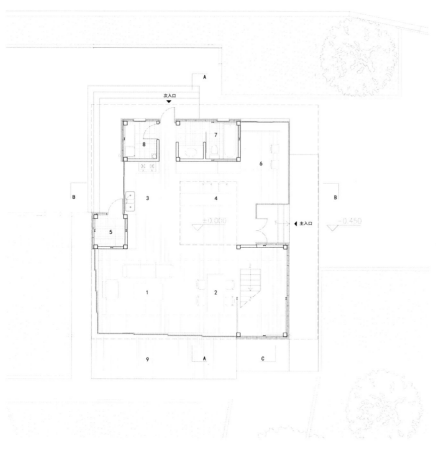

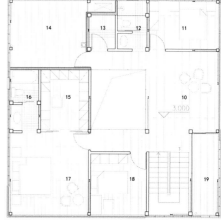

1. 起居室 2. 餐厅 3. 厨房 4. 吧台 5. 储藏间 6. 工作间 7. 卫生间 8. 洗衣房 9. 室外平台 10. 茶室
11. 次卧 12. 卫生间 13. 储藏间 14. 室外露台 15. 衣帽间 16. 卫生间 17. 主卧 18. 次卧 19. 室外露台

　　水平方向上，被服务空间形成大的流动空间，满足拍摄需要的空间纵深感，西南侧向室外打开，加强室内外渗透。吧台上方通高，形成垂直方向的空间过渡。建筑室外有工作平台可供活动拍摄，同时与建筑联系，形成半室外空间。与室外相连的厨房方便美食制作等活动。

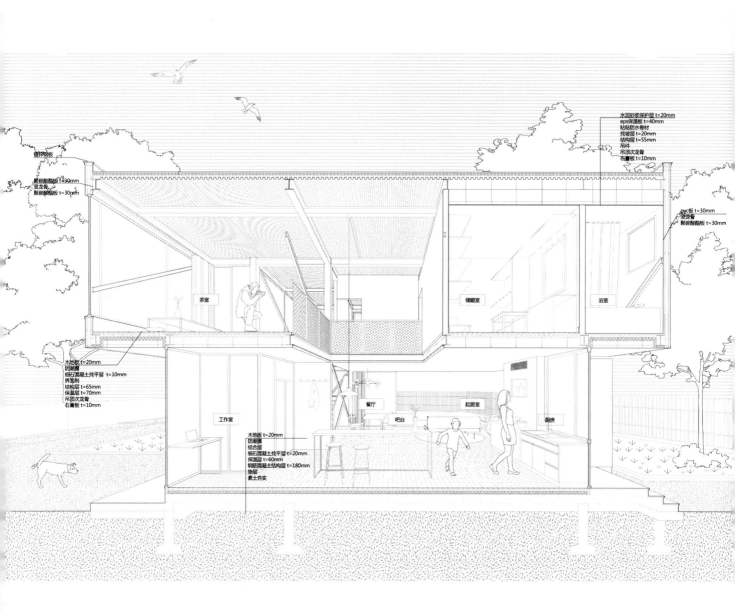

水泥砂浆保护层 t=20mm
eps保温板 t=40mm
粘贴防水卷材
找坡层 t=20mm
结构层 t=55mm
吊件
吊顶次龙骨
石膏板 t=10mm

塑钢门板
聚碳酸酯板 t=30mm
竖龙骨
聚碳酸酯板 t=30mm

pvc板 t=30mm
竖龙骨
聚碳酸酯板 t=30mm

茶室

储藏室

浴室

木地板 t=20mm
防潮膜
细石混凝土找平层 t=10mm
界面剂
结构层 t=65mm
保温层 t=70mm
吊顶次龙骨
石膏板 t=10mm

餐厅

起居室

工作室

吧台

厨房

木地板 t=20mm
防潮膜
结合层
细石混凝土找平层 t=20mm
保温层 t=60mm
钢筋混凝土结构层 t=180mm
垫层
素土夯实

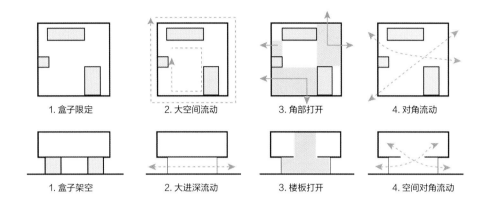

1. 盒子限定　　　2. 大空间流动　　　3. 角部打开　　　4. 对角流动

1. 盒子架空　　　2. 大进深流动　　　3. 楼板打开　　　4. 空间对角流动

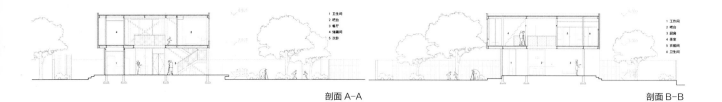

剖面 A-A   剖面 B-B

室内地板材质采用木地板，楼板采
用压型钢板，一层顶部做石膏板吊顶，
二层结构暴露，栏杆采用白色金属网栏
板。室内摆放了偏日式的木制家具，塑
造了温暖的室内氛围。

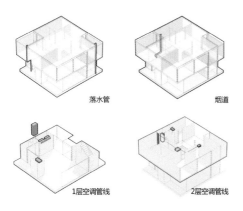

落水管

烟道

1层空调管线

2层空调管线

09 宅基地住宅设计 2020
Homestead Housing Design

学生：邢雨辰　朱凌云　雷畅

设计基地位于南京市郊区某村，使用者为一对夫妇和他们四岁的儿子。住宅兼做丈夫的个人工作室，妻子为全职太太。本设计中，设定丈夫为一位乡村作家，重视教育和邻里关系，乐于亲近自然。结合其职业特点提出相应的空间需求，希望有一个大的延续的阅读、写作空间充满整座住宅。

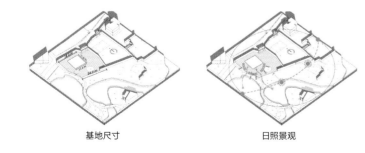

基地尺寸   日照景观   道路入口

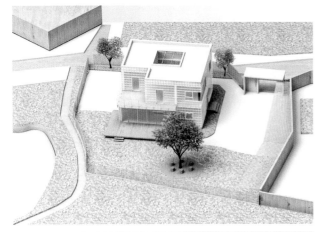

在结构体系上，区别于传统的书架作为家具而存在的情况，设计者采用钢板书架作为整个房子的支撑体系。结合书架的模数采用玻璃砖作为维护结构，创造了通透而明亮的阅读、生活环境。

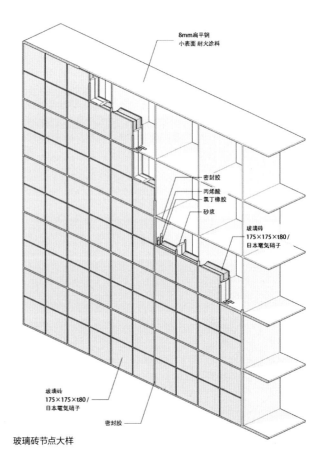

玻璃砖节点大样

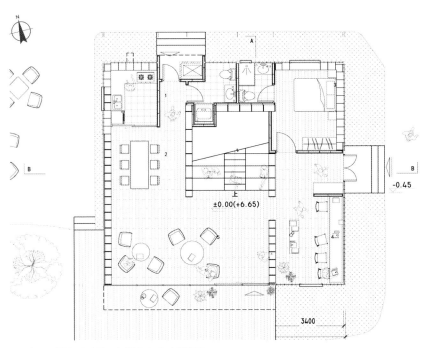

1.厨房　2.餐厅　3.客卧　4.静读区　5.乡村书屋

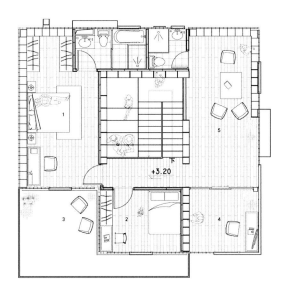

1.主卧　2.子卧　3.阳台　4.创作室　5.起居室兼书房

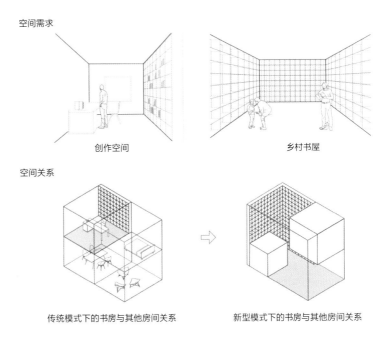

空间需求

创作空间

乡村书屋

空间关系

传统模式下的书房与其他房间关系

新型模式下的书房与其他房间关系

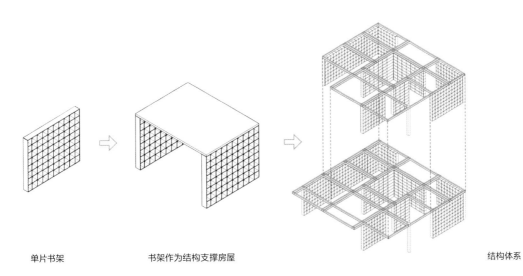

单片书架

书架作为结构支撑房屋

结构体系

设计者在住宅一层设置了一个向村民好友开放的乡村书屋，二层设置私密性较强的家庭空间和创作空间，并结合场地特地设计了更好的采光和景观朝向。同时，以一个大楼梯通高空间作为核心，创造了延续的阅读氛围，联系并划分了公共和私密空间。二层将书房和起居室融为一体，旨在增加孩子从小与书籍的接触，以达到教育的目的。

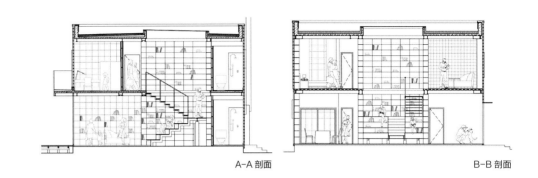

A-A 剖面　　　　　　　　　　B-B 剖面

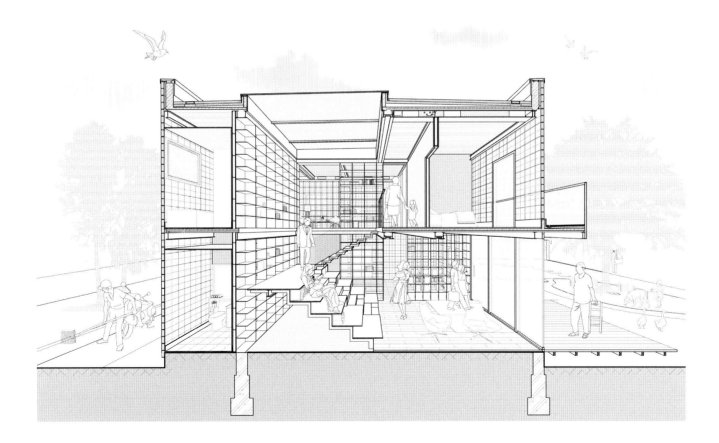

区别于传统书架作为家具而存在、与房屋结构分离的情况，结合书屋特点，采用钢板书架作为支撑整个房子的结构，使得书能够充满整个房间，实现结构与概念的统一。

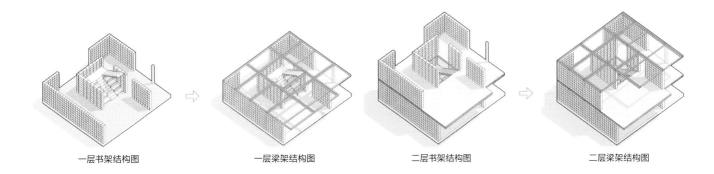

一层书架结构图　　　一层梁架结构图　　　二层书架结构图　　　二层梁架结构图

后记

1998年，我还在东南大学建筑系就读硕士研究生二年级。东大建筑系有个很好的教学传统，建筑设计及其理论方向的研究生通常需参加一次本科教学。十分幸运，我被分配到了丁沃沃、赵辰、张雷老师的本科二年级教学组。研究生在参加教学之前，须先试做设计题目。虽然我们完成了本科学业，已经就读研究生，但其实在设计认知上，仍旧是懵懵懂懂。当时的题目是一个给定平面尺寸的立方体茶室，要求用辅助用房和最少的墙体划分空间，我和自己的小伙伴一起做了两个设计模型，经过张雷老师的悉心指点，才发现自己完全不理解题目，同时也明白了，房子再小，也是需要讲方法和逻辑的。现在回想起来，那是我的第一次的"基本设计"经历。

2007年，有幸来南大任教，参与的第一个设计教学就是基本设计，回想起自己的第一次基本设计经历，越发觉得基本设计重要，这门课程能够让学生建立正确的设计认知，知见正确了，后面的路就好走了。能够参与这么重要的课程教学，我深感责任重大。在随后的教学中，每一次与学生的讨论，都加深了我对设计的理解，每一次课程答辩中各位老师犀利的观点，都让我醒悟，我深深感到自己是最大的受益者！身份上，我是学生的老师，但从认知的提高方面而言，学生也是我的老师。古人云："三人行，必有我师焉，择其善者而从之，其不善者而改之。"学生在设计中暴露的问题其实就是我的老师。可以说，基本设计课程是教师与学生共同成长的一门课程。

2020年，学院让我来编撰《基本设计》教学专辑，作为课程的受益者，我内心对此充满感激，同时又惴惴不安，诚惶诚恐！这个课程得到了国内外众多学界友人的大力帮助，唯有汇集出一本好的专辑，方能不辜负众多友人的倾力奉献！在编撰过程中，我希望能够尽量还原每个题目的教学状况，给大家一个客观的呈现，做到不遗漏每一个题目，因为题目代表了教师对基本问题的探讨；不遗漏每一位参与教学的老师，我也想借此机会感谢每一位老师对教学的忘我付出！在综述的撰写中，我希望能够尽量保持客观，如果读者发现里面些许有价值的观点，那均是我对各位任课教师和答辩老师观点的记述。事实也的确是这样，老师们的很多观点让人觉醒，至今仍然深深地留在我的记忆之中，让我获益良多！如果读者发现里面尚有不妥之处，那必定是本人才疏学陋之结果，恳请大家批评指正！

基本设计课程教学是一个过程，活活泼泼的；基本设计教学也是另一种实践，实实在在的，然而千言万语都无法还原教学中的种种感悟。最后，只有将所有的感悟化为至诚的谢意，同时也祝愿基本设计教学越来越好！

傅筱 于南大费彝民楼

图书在版编目（CIP）数据

基本设计 / 傅筱 , 张雷主编 . –– 南京 : 南京大学
出版社 , 2022.1（2023.3 重印）

（2000—2020 南大建筑教育丛书 / 吉国华 , 丁沃沃
主编）

ISBN 978–7–305–24112–3

Ⅰ . ①基… Ⅱ . ①傅… ②张… Ⅲ . ①建筑设计 – 研
究生 – 教材 Ⅳ . ① TU2

中国版本图书馆 CIP 数据核字（2020）第 264324 号

出版发行　南京大学出版社
社　　　址　南京市汉口路22号　　　　　　　邮　编　210093
出 版 人　金鑫荣

丛 书 名　2000—2020 南大建筑教育丛书
书　　　名　**基本设计**
主　　编　傅 筱　张 雷
责任编辑　王冠蕤

照　　排　南京新华丰制版有限公司
印　　刷　南京爱德印刷有限公司
开　　本　889 × 1194　1/20　印张　19.4　　字数　520　千
版　　次　2022年1月第1版　2023年3月第2次印刷
ISBN 978–7–305–24112–3
定　　价　158.00元

网址：http://www.njupco.com
官方微博：http://weibo.com/njupco
官方微信号：njupress
销售咨询热线：（025）83594756